云计算网络信息资源与大数据技术研究

李江涛 著

中国原子能出版社

图书在版编目（CIP）数据

云计算网络信息资源与大数据技术研究 / 李江涛著.
--北京：中国原子能出版社，2023.9
ISBN 978-7-5221-2995-2

Ⅰ．①云…　Ⅱ．①李…　Ⅲ．①云计算–网络信息资源
–研究②数据处理–研究　Ⅳ．①TP393.027②TP274

中国国家版本馆 CIP 数据核字（2023）第 177356 号

云计算网络信息资源与大数据技术研究

出版发行	中国原子能出版社（北京市海淀区阜成路 43 号　100048）
责任编辑	杨　青
责任印制	赵　明
印　　刷	北京天恒嘉业印刷有限公司
经　　销	全国新华书店
开　　本	787 mm×1092 mm　1/16
印　　张	13.5
字　　数	213 千字
版　　次	2023 年 9 月第 1 版　2023 年 9 月第 1 次印刷
书　　号	ISBN 978-7-5221-2995-2　　　**定　价　72.00 元**

发行电话：**010-68452845**　　　　　　　　版权所有　侵权必究

前　言

随着互联网、移动互联网、物联网的快速发展，以及微博、微信等新一代信息技术的应用和推广，人类产生的数据正以几何级数的速度快速增长。显而易见，人类已进入了大数据时代，数据中蕴含的价值越来越受到人们的重视。为了应对海量的数据及对其应用处理的要求，近年来，云计算和各类大数据技术不断涌现。

互联网技术的发展催生了云计算技术的出现，云计算技术将计算资源、存储资源及相关各类广义的资源通过网络以服务的形式提供给资源的使用者，改变了传统信息技术架构中物理资源独占使用的模式，只要是通过网络向用户提供服务的信息系统都被称为云计算系统。"云"是计算机群，谷歌、亚马逊、阿里巴巴等公司都采用云计算搭建数据。大数据已发展成为一种新兴的技术，与云计算相结合，被应用于 IT 领域。互联网、物联网、云计算的快速兴起，数据的爆炸式增长出乎人们的意料。截至 2020 年，全球以电子形式存储的数据量比 2016 年增长了约 30 倍。正是在这一背景下，"大数据"概念应运而生。大数据具有数据体量大、数据类型繁多、处理速度快的特征。数据作为一种基础性与战略性资源得到了广泛认可，数据服务成为很多组织和机构日常运营和活动中必不可少的重要环节。当下，数据质量在理论与实践中越来越受到关注，这不仅是制约数据产业发展的关键问题，也是大数据应用研究中绕不开的重大命题。

本书共分五章：第一章为云计算网络信息及大数据概述，介绍了云计算网络信息的概念与特点、大数据的基本特征及云计算网络信息与大数据的内在联系；第二章为云计算网络信息资源研究，介绍了云计算技术发展现状分析、云计算网络信息资源的内涵及云计算网络信息资源的应用；第三章为大数据时代云计算技术的应用，介绍了云计算技术在区域医疗信息化管理中的应用、云计算技术在区域教育发展中的作用、云计算技术在企业财务管理中的应用、云计算技术在媒介发展中的应用及云计算技术在物联网设备中的应用；第四章为大数据技术分析研究，介绍了大数据加密技术、大数据存储技术分析及大数据传输安全分析；第五章为云计算网络信息资源与大数据技术研究的优点与不足，介绍了云计算技术与大数据技术优点分析、云计算技术与大数据技术不足分析及云计算技术与大数据技术未来发展规划。

在撰写本书的过程中，作者得到了相关专家的帮助和指导，在此表示真诚的感谢！本书内容全面，论述清晰，但因为作者水平有限，书中难免疏漏之处，恳请读者朋友批评、指正！

作者

2023 年 1 月

目　录

第一章　云计算网络信息及大数据概述

本章内容为云计算网络信息及大数据概述，介绍了云计算网络信息的概念与特点、大数据的基本特征、云计算网络信息与大数据的内在联系三方面内容。

第一节　云计算网络信息的概念与特点

云计算是网格计算、分布式计算、并行计算、效用计算、网络存储、虚拟化、负载均衡等传统计算机技术和网络技术发展融合的产物。它旨在通过网络把多个成本相对较低的计算实体整合成一个具有强大计算能力的完美系统，并借助软件即服务（SaaS）、平台即服务（PaaS）、基础设施即服务（IaaS）等先进的商业模式把强大的计算能力分布到终端中。云计算的一个核心理念就是通过不断提高"云"的处理能力，减少用户终端的处理负担，最终使用户终端简化成一个单纯的输入输出设备，并能按需应用"云"的强大计算处理能力。

一、云计算的概念

自 2006 年"云计算"的概念被提出以来，云计算技术及其应用就得到了各国政府、科研机构的高度重视。目前，对于云计算的认识还在不断地发展变化，它仍然没有一个统一的定义。

其实，云计算并不是一种新的技术，而是一种新的思想方法。对一种新技术的理解比较容易，而思维方式的转变却是比较困难的，对云计算的理解就是这样。

云计算最早是谷歌（Google）提出的一个网络应用模式，其广义概念是一种互联网上的资源利用新方式，利用虚拟化，对互联网上的资源进行动态易扩展的管理与调用，依托互联网上异构、自治的服务，为用户提供按需即取的计算模式。

IBM 对云计算的定义更为笼统，其认为云计算是一种新型的计算模式，它把信息技术资源、数据、应用作为服务通过互联网提供给用户。云计算也是一种基础架构管理的方法论，大量的计算资源组成 IT 资源池，用以动态创建高度虚拟化的资源，供用户使用。

中国云计算网则认为云计算是分布式计算技术的一种，其最基本的概念是透过网络将庞大的计算处理程序自动分拆成无数个较小的子程序，再交由多部服务器所组成的庞大系统，经搜寻、计算分析之后将处理结果回传给用户。通过这项技术，网络服务提供者可以在数秒之内处理数以千万计甚至亿计的信息，它可以实现和"超级计算机"同样强大的功能。

2008 年成立的中国电子学会云计算专家委员会认为，云计算是一种基于互联网的、大众参与的计算模式，其计算资源（计算能力、存储能力、交互能力）是动态、可伸缩且被虚拟化的，以服务的方式提供。这种新型的计算资源组织、分配和使用模式，有利于合理配置计算资源并提高其利用率，促进节能减排，实现绿色计算。

上述各种云计算定义，从不同的技术视角出发，对云计算进行了内涵分析，但到目前为止，还没有一个定义能够获得各方的一致认可。

由于云计算在本质上是思维方式的变化，在对其进行定义时就出现了很多困难，而且思维方式是不断发展的，对一个本来就处于发展变化的事物下定义很难，也没有必要过早地圈定一个新生事物的内涵和外延。因此，虽然在 2010 年中国电子学会云计算专委会全体会议上有专家建议专委会给云计算下一个准确的定义，以使大家对云计算有一个准确的认识，但最终专委会还是决定暂时先不给云计算下官方定义。事实证明，这是一个正确的决定，否则大家的创造性就要被这个所谓的"准确定义"扼杀。

基于这种认知，微软认为云计算并不是一个简单的产品，也不是一种单纯的技术，而是一种产生和获取计算能力新方式的总称。云计算既指一个可以根据需要动态地提供、配置及取消供应的计算和存储平台，又指一种可以通过互联网进行访问的应用服务类型。云计算的出现，将会对 IT 的应用和部署模式、商业模式产生极大的影响。用户只需要拥有可上网的终端设备，就能享受到自己想要的各种 IT 服务，这种服务包括存储服务、计算服务（含超级计算和对等计算）、软件服务、信息处理（含数据管理）及信息资源利用等，传统的以 PC 和服务器为中心的应用模式将会发生巨大的变化。

二、云计算的延伸概念

在先前所介绍的云计算概念里，我们直接将互联网看成是一朵"大云"，所有的云计算软件、云计算平台与云计算设备服务都在这朵"大云"里。在真实的网络世界里，则有数不尽的云系统存在，在云计算系统里面还有另外的云系统存在。

在云计算的商业应用上，又将云计算分成公共云、私有云、混合云和社区云四种。

（一）公共云

公共云，是指专门为外部客户提供服务的"云"，它所有的服务都是供别人使用，而不是自己用。对于使用者而言，公共云的最大优点是，其所应用的程序、服务及相关数据都存放在公共云的提供者处，自己无须做相应的投资和建设。但目前最大的问题是，由于数据不存储在自己的数据中心，其安全性存在一定风险。同时，公共云的可用性不受使用者控制，这方面也存在一定的不确定性。

目前，最典型的例子就是 Google 搜索服务与网络地图或 Youtube 视频等。

公共云也是一般网络大众所认知且每日使用的云计算系统，在网络上搜索数据、分享照片，在 Blog 中分享文章、上传视频、与朋友联机聊天等日常网络行为，都是属于公共云的功能。它们的共同特点就是将个人数据从私人计算机移动到公开式的云计算系统上，且免费开放供别人使用。这些网络数据由提供公共云的供应商负责维护与保护，让网络用户随时随地使用计算机、手机、笔记本或掌上电脑等上网工具，以方便地取得与分享数据。

（二）私有云

私有云，是指企业自己使用的"云"，它所有的服务不是供别人使用，而是供自己内部或分支机构使用。私有云的部署比较适合于有众多分支机构的大型企业或政府部门。随着这些大型企业数据中心的集中化，私有云将会成为其部署 IT 系统的主流模式。

云计算要导入企业内部所遇到的最大问题就是数据安全问题，因公共云应用是开放性的，多半是通过公开的互联网与服务供应商的数据中心进行联机，且在公共云的架构下，企业数据必须存放在云计算供应商的数据中心内，其数据安全水平与管理能力是否可靠，也让企业迟疑。

而且，当前各家云计算技术，如 Google、Amazon、Yahoo 等，彼此缺乏共通的技术标准，如标准的数据交换方式等，企业采用特定平台开发应用程序后，无法轻易地在各个公共云间搬移。因此，如 IBM 并不打算直接提供公开式云计算服务，而是采用和企业合作的方式，由 IBM 建置数据中心并提供基础架构服务，再由所合作的企业直接提供专属的公开云服务。大型的公司或政府单位用的系统，在安全性考量下，不太可能把数据放在别人那里，因为其中涉及政府和公司的机密。因此，企业的云计算，除了计算性能方面的考虑外，安全性与机密性也是企业相当重视的方面，私有云也就成为云计算最重要的一环。

（三）混合云

混合云，是指供自己和客户共同使用的"云"，它所提供的服务既可以供别人使用，也可以供自己使用。相比较而言，混合云的部署方式对提供者的要求较高。目前，提供混合云的只有微软。

（四）社区云

社区云是指在一定的地域范围内，由云计算服务提供商统一提供计算资源、网络资源、软件和服务能力所形成的云计算形式。即基于社区内的网络互连优势和技术易于整合等特点，通过对区域内各种计算能力进行统一服务形式的整合，结合社区内的用户需求共性，实现面向区域用户需求的云计算服务模式。如 Google App Engine 推出了社区的付费版，还有 Yahoo 代管服务的 YAP 或 Microsoft 的 Azure 都提供具体的社区云使用方案。

三、云计算的特点

（一）规模大

"云"具有相当的规模，Google 云计算已经拥有 100 多万台服务器，Amazon、IBM、Yahoo 等的"云"均拥有几十万台服务器。企业私有云一般拥有数百上千台服务器，"云"能赋予用户前所未有的计算能力。

（二）虚拟化

云计算支持用户在任意位置使用各种终端获取应用服务，他们所请求的资源来自"云"，而不是固定的、有形的实体。应用在"云"中某处运行，但实际上用户无须了解，也不用担心应用运行的具体位置。只需要一台笔记本或者一部手机，云计算就可以通过网络服务来实现我们需要的一切，甚至包括超级计算这样的任务。

（三）可靠性

"云"使用了数据多副本容错、计算节点同构可互换等措施来保障服务的高可靠性，使用云计算比使用本地计算机可靠。

（四）通用性

云计算不针对特定的应用，具有通用性，在"云"的支撑下可以构造出千变万化的应用，同一个"云"可以同时支撑不同的应用运行。

（五）可扩展性

"云"的规模可以动态伸缩，满足应用和用户规模增长的需要。

（六）按需服务

"云"是一个庞大的资源池，用户按需购买"云"可以像购买自来水、电、煤气那样计费。

（七）极其廉价

由于"云"的特殊容错措施，可以采用极其廉价的节点来构成"云"，"云"的自动化集中式管理使大量企业无须负担日益高昂的数据中心管理成本，"云"的通用性使资源的利用率较传统系统大幅提升。因此，用户可以充分享受"云"的低成本优势，经常只要花费几百美元、几天时间就能完成以前需要数万美元、数月时间才能完成的任务。

（八）潜在的危险性

云计算服务除了提供计算服务外，还提供存储服务。但是云计算服务当前垄断在私人机构（企业）手中，而它们仅仅能够提供商业信用服务。对于政府机构、商业机构（特别像银行这样持有敏感数据的商业机构）来说，在选择云计算服务时应保持足够的警惕。一旦商业用户大规模使用私人机构提供的云计算服务，无论其技术优势有多大，都不可避免地会发生这些私人机构以"数据（信息）"的重要性"挟制"用户的情况。

对于信息社会而言，"信息"是至关重要的。云计算中的数据对于数据所有者以外的其他用户是保密的，但是对于提供云计算的商业机构来说，却是毫无秘密可言的。这就像常人不能监听别人的电话，但是在电信公司内部，他们可以随时监听任何电话。所有这些潜在的危险，是商业机构和政府机构选择云计算服务特别是国外机构提供的云计算服务时不得不考虑的一个重要前提。

第二节　大数据的基本特征

一、大数据的产生与发展

（一）大数据产生背景

随着因特网技术的不断发展，我们的生活变得越来越便利，加之云计算、移动网络、物联网技术和其他网络终端设备的出现与普及，也使得工作、学习及生活当中无处不在的数据正以指数级速度迅速膨胀。毫不夸张地讲，我们所生活的世界正在被数据淹没，这些数据经过系统整合形成的大数据开始展现出其从量变到质变的时代价值，并且以显性或者隐性的方式作用于世界的各个角落，通过蝴蝶效应对各个领域产生深远的影响。

（二）大数据发展历程

大数据的现代发展历史最早可追溯到美国统计学家赫尔曼·霍尔瑞斯，他为了统计1890年的人口普查数据，发明了一台电动机器来对卡片进行识别。该机器用一年的时间就完成了预计 8 年才能完成的工作，这成为全球进行数据处理的新起点。1943 年，第二次世界大战期间，英国为了快速解开纳粹设置的密码，组织工程师发明机器进行大规模数据处理，并采用了第一台可编程的电子计算机实施计算工作。1961 年，美国国家安全局（NSA）首先应用计算机收集信号自动处理情报，数字化处理模拟磁盘信息。1960 年，英国计算机科学家蒂姆·伯纳斯·李设计的超文本系统，命名为万维网，使用因特网在世界范围内实现信息共享。1965 年，英特尔的创始人戈登·摩尔通过研究计算机硬件得出摩尔定律，认为同等面积的芯片每过一到两年就可容纳两倍数量的晶体管，能够提高两倍微处理器的性能，或使之价格下降一半。近50 年来，信息产品功能日趋强大，各种设备体积变小，存储器成本降低很多，已能以很低的成本保存海量的数据。1988 年，美国科学家马克·韦泽指出微型计算设备能随时随地获取并处理数据，这被称为普适计算。今天，智能手机、各种传感器、射频识别标签、可穿戴设备等实现了无处不在的数据自动采集，为大数据时代的到来提供了物理基础。美国研究员大卫·埃尔斯沃斯和迈克尔·考克斯在 1997 年使用"大数据"来描述超级计算机产生超出主存储器的海量信息，这些数据集甚至突破了远程磁盘的承载能力。

　　大数据时代的技术基础集中表现在数据挖掘方面，通过特定的算法对大量的数据进行自动分析，从而揭示数据当中隐藏的规律和趋势，即在大量的数据当中发现新知识，为决策者提供参考。现在的信息技术已经可以把一件产品的流向、每位消费者的情况都记录下来，再通过数据挖掘，为客户量身定制，把消费和服务推向一个高度个性化的时代。基于网络数据的挖掘，不需要制定问卷，也不需要逐一调查，成本低廉。更重要的是，这种分析是实时的，没有滞后性，数据挖掘将成为越来越重要的分析预测工具，抽样技术将变为辅助工具。数据挖掘的优越性也集中反映了大数据"量大、多源、实时"的特点。大数据的前沿和热点是机器学习，和数据挖掘相比，其算法并不是固定的，而是带有自调适参数的功能。也就是说，它能够随着计算、挖掘次数的增多，不断自动调整自己算法的参数，使挖掘和预测的结果更为准确，即通过给机器"喂取"大量的数据，让机器可以像人一样通过学习逐步自我改善、提高，这也是该技术被命名为"机器学习"的原因。除了数据挖掘和机器学习外，数据的分析、使用已经非常成熟，并且形成了一个谱系，如数据仓库、多维联机分析处理、数据可视化、内存分析都是其体系的重要组成部分。

从 2004 年起，以脸书、推特等为代表的社交媒体相继问世，因特网开始成为人们实时互动、交流协同的平台，全世界的网民都开始成为数据的生产者，这引发了人类历史上迄今为止最庞大的数据爆炸。在社交媒体上产生的数据大多是非结构化数据，处理更加困难。乔治敦大学的李塔鲁教授考察了推特上产生的数据量，他做出估算说，过去 50 年《纽约时报》总共产生了 30 亿个单词的信息量，现在推特上一天就产生 80 亿个单词的信息量。也就是说，如今一天产生的数据总量相当于《纽约时报》100 多年产生的数据总量。

回顾半个多世纪人类信息社会的历史，正是因为 1966 年提出的摩尔定律，晶体管越做越小，成本越来越低，才形成了大数据现象的物理基础。1989 年兴起的数据挖掘技术是让大数据产生"大价值"的关键，2004 年出现的社交媒体则把全世界每个人都变成了潜在的数据生成器，这是"大容量"形成的主要原因。

（三）当前大数据

"大数据"一词真正成为热点是在 2011 年 5 月，EMC 在美国拉斯维加斯举办了第 11 届 EMC World 大会，以"云计算相遇大数据"为主题着重展现当今两个最重要的技术趋势。大会提出了"大数据"的概念，从而引发了工业界对大数据的广泛关注。

全球知名的咨询公司麦肯锡研究院（GMI）则于 2011 年 6 月发布名为"Big data：The next front for innovation，competition，and Productivity"的研究报告，详细分析了大数据的发展前景、关键技术和应用领域，并指出大数据将会是带动未来生产力发展、创新及消费需求的指向标。联合国一个名为 Global Pluse 的倡议项目发布了名为"Big data for development Challenges & Opportunities"的报告，阐述大数据时代特别是发展中国家面临的大数据机遇与挑战。

大数据的过度火热某种程度上意味着过度炒作，然而通过 Gartner 发布的技术成熟度曲线①可以发现，大数据已由概念和前景分析落地生根——进入平稳的发展阶段。Gartner 在 2013 年预测大数据已进入膨胀期，将在未来 2～5 年进入发展高峰期。当前大数据的技术已不再处于膨胀期和高峰期，而是进入了平缓的发展阶段。虽然大数据已离开高峰期，但大家对大数据的兴趣依然不减，尽管新的大数据处理技术方案的出现使得大数据热度在市场趋向稳定，但大数据还有 5～10 年才会达到稳定期。这表明大数据的基本概念、关键技术及以及应用已得到业界的广泛认可，对大数据进行处理分析、发现大数据中蕴含的巨大价值已成为业界共识。

二、大数据的概念与特点

（一）大数据概念

"大数据"是指以多元形式存在、从多种来源搜集的庞大数据组，往往具有实时性。在企业对企业销售的情况下，这些数据可能来自社交网络、电子商务网站、顾客来访记录，还有许多其他来源。这些数据并非来自公司顾客关系管理数据库的常态数据组。

不同的组织从不同的视角给大数据作出不同定义。百度百科给大数据的定义是：成为帮助企业经营决策更积极目的的资讯；Apache Hadoop 组织认为大数据是一组规模庞大的数据集，其体量甚至大到传统的计算方法无法在可接受的时间范围内获取、储存、处理；全球最具权威的 IT 研究与顾问咨询公司高德纳认为大数据是一种体量巨大、结构多样并具有高增长率的信息资产，但它的价值只有通过新的技术与模式处理才能彰显出来，进而形成更有力的决策依据、更精确的洞察能力；美国国家科学基金会面对越来越复杂的数据管理难题和数据分析的挑战，期待依托新的商业大数据技术，利用计算方法来完成科学计算的研究，他们认为大数据来源于视音频软件、传感设备、符

---

① 曹锋，付少庆. 区块链知识技术普及版 [M]. 北京：北京理工大学出版社，2022.

号数据、电子商务、因特网点击及各类终端，相比起单一渠道所产生的静态数据，该数据集更加大量、多变、高速、多元；还有学者认为大数据是通过某种手段感知、获取、存储、挖掘和分享的数据集合，而以目前现有的数据处理技术、信息处理工具来获得上述数据集合的成本是相当昂贵的，这既指向资金成本，也指向时间成本。因此，大数据不仅仅指代其静态的数据，更指代其背后支持该数据集形成的所有技术。

利用新处理模式，大数据具有更强的决策力和洞察力，能够优化流程，实现高增长率，处理海量的多样化信息资产。归根结底，大数据技术可以快速处理不同种类的数据，并从中获得有价值的信息。随着网络、传感器和服务器等硬件设施全面发展，众多企业利用大数据技术融合自身需求，创造出难以想象的经济效益，实现了巨大的社会价值和商业价值，各行各业利用大数据产生了极大增值和效益，大数据表现出前所未有的社会能力，而绝不仅仅只是数据本身的价值。

（二）大数据的特征

业界通常用 4 个"V"来概括大数据的特征。

1. 数据体量巨大（Volume）

截至目前，人类生产的所有印刷材料的数据量是 200 PB（1 PB =
1 024 TB），而历史上全人类说过的所有话的数据量大约是 5 EB。当前，个人计算机硬盘的容量为 TB 量级，而一些大企业的数据量已经接近 EB 量级。

2. 数据类型繁多（Variety）

相对于以往便于存储的以文本为主的结构化数据，非结构化数据越来越多，包括网络日志、音频、视频、图片、地理位置信息等，这些多类型的数据对数据的处理能力提出了更高要求。

3. 价值密度低（Value）

价值密度的高低与数据总量的大小成反比，以视频为例，一段时长为一小时的监控视频中，有用数据可能仅有一两秒。如何通过强大的机器算法更迅速地完成数据的价值"提纯"，成为目前大数据背景下亟待解决的难题。

4. 处理速度快（Velocity）

这是大数据区别于传统数据挖掘的最显著特征。在海量的数据面前，处理数据的效率就是企业的"生命"。

三、大数据的技术体系

随着云计算技术的出现和计算能力的不断提高，人们从数据中提取价值的能力也在显著提高。此外，由于越来越多的人、设备和传感器通过网络连接起来，产生、传送、分析和分享数据的能力也彻底变革。数据在类型、深度与广度等方面都在飞速地增长，这给当前的数据管理和数据分析带来了巨大挑战。为了从大数据中挖掘出更多的信息，需要应对大数据在容量、数据多样性、处理速度和价值挖掘等方面的挑战，云计算技术则是大数据技术体系的基石。大数据与云计算的发展关系密切，大数据技术是云计算技术的延伸和发展。大数据技术涵盖了从数据的海量存储、处理到应用的多方面技术，包括异构数据源融合、海量分布式文件系统、NoSQL 数据库、并行计算框架、实时流数据处理以及数据挖掘、商业智能和数据可视化等。一个典型的大数据处理系统主要包括数据源、数据采集、数据存储、数据处理、分析应用和数据展现等。

（一）数据采集

在大数据时代，企业、互联网、移动互联网和物联网等产生了大量的数据源。为了对这些不同种类的数据进行预处理，需要对这些数据进行清洗、过滤、抽取、转换、加载，以及对不同数据源融合处理等操作。数据采集并不是大数据特有的技术，本书不再过多描述。

（二）数据存储

大数据时代首先需要解决的问题就是数据的存储问题，除了传统的结构化数据，大数据面临更多的是非结构化数据和半结构化数据存储需求。非结构化数据主要采用分布式文件系统或对象存储系统进行存储，如开源的 HDFS（Hado-Op Distributed File System）、Lustre、GlusterFS 和 Ceph 等分布式文件系统可以扩展至 10 PB 级甚至 100 PB 级。半结构化数据主要使用 NoSQL 数据库存放，结构化数据仍然可以存放在关系型数据库中。

（三）数据处理

在大数据时代，数据处理需要满足如下几个重要特性，如表 1-2-1 所示。

表 1-2-1　大数据时代数据处理要求

特性	说明
高度可扩展性	Scale-Out 方式扩展，支持大规模并行数据处理
高性能	快速响应数据查询与分析需求
较低成本	基于通用硬件服务器，性价比较高
高容错性	查询失败时，只需重做部分工作
易用且开放接口	既能方便查询，又能进行复杂分析
向下兼容	支持传统商业智能工具

数据仓库是处理传统企业结构化数据的主要手段，其在大数据时代产生了三个变化。

（1）数据量，由 TB 级增长至 PB 级，并仍在继续增加。

（2）分析复杂性，由常规分析向深度分析转变。当前企业已不仅满足于对现有数据的静态分析和监测，而更希望能对未来趋势有更多的分析和预测，以增强企业竞争力。

（3）硬件平台，传统数据库大多是基于小型机等硬件构建，在数据量快速增长的情况下，成本会急剧增加，大数据时代的并行仓库更多地是转向通用 X86 服务器构建：首先，传统数据仓库在处理过程中需要进行大量的数据移动，在大数据时代代价过高；其次，传统数据仓库不能快速适应变化，对于大数据时代处于变化的业务环境，其效果有限。

为了应对海量非（半）结构化数据的处理需求，以 MapReduce 模型为代表的开源 Hadoop 平台几乎成为非（半）结构化数据处理的事实标准。当前，开源 Hadoop 及其生态系统已日益成熟，大大降低了数据处理的技术门槛，使用廉价硬件服务器平台，可以大大降低海量数据处理的成本。

数据的价值随着时间的流逝而降低，因此需要对数据或事件进行及时处理，而传统数据仓库或 Hadoop 等工具最快也要分钟级才能输出结果。为了应对这种数据实时性的处理需求，业界有了实时流数据分析方法和复杂事件处理技术。其主要用于实时搜索、实时交易系统、实时欺骗分析、实时监控、社交网络等，随着数据的流动对数据进行获取和分析。常见系统有 Yahoo S4、Twitter Storm 和各种商业公司的 CEP 产品等。

（四）数据挖掘

大数据时代的数据挖掘主要包括并行数据挖掘、搜索引擎技术、推荐引擎技术和社交网络分析等。

1. 并行数据挖掘

挖掘过程包括预处理、模式提取、验证和部署四个步骤，对于数据和业务目标的充分理解是做好数据挖掘的前提，需要借助 MapReduce 计算架构和 HDFS 存储系统完成算法的并行化和数据的分布式处理。

2. 搜索引擎技术

可以帮助用户在海量数据中迅速捕捉到需要的信息，只有理解了文档和用户的真实意图，做好内容匹配和重要性排序，才能提供优质的搜索服务，这需要借助 MapReduce 计算架构和 HDFS 存储系统完成文档的存储和倒排索引的生成。

3. 推荐引擎技术

帮助用户在海量信息中自动获得个性化的服务或内容，它是搜索时代向发现时代过渡的关键动因。冷启动、稀疏性和扩展性问题是推荐系统需要直接面对的永恒话题，推荐效果不仅取决于所采用的模型和算法，还与产品形态、服务方式等非技术因素息息相关。

4. 社交网络分析

从对象之间的关系出发，用新思路分析新问题，提供了对交互式数据的挖掘方法和工具，是群体智慧和众包思想的集中体现，也是实现社会化过滤、营销、推荐和搜索的关键性环节。

第三节　云计算网络信息与大数据的内在联系

一、大数据和云计算关系概述

数据已经成为从工业经济向知识经济转变的重要标志，它是当今时代最关键的生产要素和产品形态。在大规模生产、分享、应用数据的时代，从社交网络、微博、即时通信工具上可以随时随地发送消息、分享照片、传送视频，每一刻都产生多种格式的数据，每个人都成为数据的创造者和使用者。

白计算机发明以来，直到大数据时代之前，人们面对的数据大多数是有结构的，这类数据逻辑性强，存在较强的因果联系。典型的例子是运营商客户关系系统中记录着用户的电话号码、开户时间、开户地点、套餐类型等信息。现在，人们所面对的大多数数据都是非结构化的，这类数据具有随时、海量、弹性、不可控制的特点。典型的例子如某一时刻的交通堵塞、天气状态、一个社会事件产生的因特网数据（微博、图片、文章、音乐、视频）等。据 IDC 等国外咨询公司预测，非结构化数据所占比例超过 80%，而这一比例还在逐渐加大。

目前，主要由非结构化数据组成的大数据颠覆了传统的 IT 世界，挑战着企业的数据存储架构、数据中心的基础设施，影响着数据挖掘、商业智能、云计算等各个应用环节。业界普遍形成了一个共识，大数据将是继云计算、物联网之后信息技术领域的又一热点。大数据是信息技术未来发展的战略走向，将催生下一代价值数万亿美元的软件企业，以大数据为代表的数据密集型科学将成为新一次技术变革的基石。

谈到大数据，不可避免地要提及云计算技术，云计算结合大数据是时代发展的必然趋势。云计算是大数据的 IT 基础和平台，而大数据是云计算范畴内最重要、最关键的应用。大数据体现的是结果，云计算体现的是过程。由于云计算的存在，大数据的价值得以被挖掘，云计算是大数据成长的驱动力。而另一方面，由于大数据的巨大价值越来越被各行各业所发现并重视，大数据的地位也日益重要。从某种意义上看，大数据的地位已超越云计算，但是客观地说，大数据和云计算之间是相辅相成、缺一不可的。它们是同等重要的，就如一个硬币的两面，互为依存，相互促进。

也就是说，必须要在云计算的背景下实现大数据的重要功用。如果没有云计算，大数据就类似在作坊里造航母，是没有任何意义的。

综上所述，云计算技术可以实现 IT 资源的自动化管理和配置，降低 IT 管理的复杂性，提高资源利用效率，大数据技术主要解决大规模的数据承载、计算等问题。云计算代表着一种数据存储、计算能力，大数据代表着一种数据知识挑战。计算需要数据来体现其效率，数据需要计算来体现价值。云计算与大数据的关系包括两个层面。

（1）云计算的资源共享、高可扩展性、服务特性可以用来搭建大数据平台，进行数据管理和运营；云计算架构及服务模式为大数据提供基础的信息存储、分享解决方案，是大数据挖掘及知识生产的基础。

（2）大数据技术对存储、分析、安全的需求，促进了云计算架构、云存储、云安全技术快速发展和演进，推动了云服务与云应用的落地。

二、云计算是大数据处理的基础

云计算是大数据处理的基础，现有大数据平台广泛地使用云计算架构及云计算服务。如使用 Hadoop 存储和处理 PB 级别的半结构化、非结构化的大数据；使用 MapReduce 将大数据问题分解成多个子问题，然后将子问题分配到成百上千个处理节点之上，最后再将结果汇集到一个小数据集当中，如此操作可以更容易得到最后的分析结果。

此外，对于短期大数据处理项目，如果数据处理需要大量的计算资源和存储资源，云平台是唯一可行的选择。在项目启动期间可以迅速获得"云"中的存储空间和处理能力，在项目结束之后可以迅速释放这些资源和空间。

随着云计算技术的不断成熟，云服务性价比、可扩展性、灵活性和可管理性不断提升，越来越多的应用和数据将迁移至"云"中，云计算和大数据将会更紧密地结合在一起。

三、大数据是云计算的延伸

大数据技术涵盖了从数据的海量存储、处理到应用等多方面的技术，如海量分布式文件系统、并行计算框架、NoSQL 数据库、实时流数据处理、智能分析技术等。由此可见，大数据技术与云计算的发展密切相关，大数据技术可以看作是云计算技术的延伸。

以因特网公司为例，大数据技术可以为因特网公司带来更多的机会，目前已经搭建云计算平台，存储海量网络运营数据、用户语音数据、用户上网数据。因特网企业可以使用大数据技术进一步对云平台中的数据进行应用、挖掘，运营商的数据应用可以涵盖多个方面，包括企业管理分析，如战略分析、竞争分析；运营分析，如用户分析、业务分析、流量经营分析；营销分析，如精准营销、个性化推荐等。

云计算技术的发展落后于产业界的期望，因为安全、可靠性问题还不能完全打消用户的疑虑，而大数据技术的需求可能会加速云计算的发展，引发云架构的演进。在大数据发展的初期，大数据可能成为云平台上的重要应用。

第二章　云计算网络信息资源研究

进入 21 世纪以来，随着计算机处理技术、网络通信技术、存储技术的高速发展，以及虚拟化技术的广泛普及，云计算作为一种新型的效用计算方式，在全球化趋势的大背景下应运而生并取得了蓬勃的发展。目前，云计算已成为提升信息化发展水平、打造数字经济新动能的重要支撑。在政府、业界与学术界的共同推动下，云计算拥有广阔的发展前景。本章内容为云计算网络信息资源研究，介绍了云计算技术发展现状分析、云计算网络信息资源的内涵以及云计算网络信息资源的应用三方面的内容。

第一节　云计算技术发展现状分析

一、云计算的演化与发展

1997 年，南加州大学的 Ramnath K.Chellappa 教授将"云"和"计算"组成一个新的单词，正式提出了"云计算"的第一个学术定义。在他看来，计算的边界不是技术局限，而是由经济的规模效应决定。之后，关于云计算的研究和应用才逐步展开。然而，在不同的历史时期，云计算所扮演的角色是不同的。

2000 年之前，云计算更多的是以一种新技术形态出现的。当时学术界一直关注网格计算（Grid Computing）、并行计算（Parallel Computing）等，这些可以看作是云计算比较早期的雏形。

21 世纪最初的几年，云计算开始在 Google 等大型 IT 公司广泛应用。此时，云计算更多的是代表一种能力（Capacity），并且只有大公司才能拥有这种能力。

到了 2005 年，Amazon 发布 Amazon Web Services 云计算平台，并相继推出在线存储服务 S3（Amazon Simple Storage Service）和弹性计算云 EC2（Amazon Elastic Compute Cloud）等云服务。这是 Amazon 第一次将对象存储作为一种服务对外售卖。由此，云计算才由少数公司具有的能力，演变成人人都能购买的服务。

当 Amazon 推出第一个云计算服务的时候，云计算服务既不被看好也无人问津，其被认为是一个高投入、低利润的产业，然而微软、IBM、Google、SUN 等高新技术企业仍然纷纷投入到对云计算服务的开发中。2006 年，Sun 推出基于云计算理论的 "Black Box" 计划。2007 年 3 月，戴尔成立数据中心解决方案部门，先后为全球五大云计算平台中的三个（Windows Azure、Facebook 和 Ask.com）提供云基础架构。2007 年，Google 与 IBM 共同宣布开始云计算领域的合作。2007 年 11 月，IBM 首次发布云计算商业解决方案，推出 "蓝云（Blue Cloud）计划"。2009 年 10 月，《经济学人》杂志更是破天荒地利用整期版面对云计算进行了全方位的深度报道。随后，云计算逐渐被大众所熟知和接受，并迅速成为业界和学术界研究的焦点与热点。

目前，云计算已经形成了从应用软件、操作系统到硬件的完整产业链，并被大规模地应用于商业应用环节。作为云计算产业领先企业之一的 Amazon，主要基于服务器的虚拟化技术向客户提供相关的云计算服务与应用。AWS（Amazon Web Service）上的 EC2 和 S3 作为 Amazon 最早提供的云计算服务，根据客户的不同需求提供了包括不同等级的存储服务、宽带服务及计算容量等。除了现有的等级外，Amazon 还可以按照客户的要求提供个性化的配置与扩展等服务，这些服务都充分地体现了云计算的可扩展性和弹性特征。作为搜索引擎方面的专家与巨头，Google 所提供的云计算服务全部都是基于 Google 的基础构架。同时，Google 还为客户提供了快速开发和部署的环境，便于客户快速开发并部署应用。Google App Engine 作为一个统一的云计算服务平台，汇集了 Google 的大部分业务，如 Google Search、Google Earth、Google Map、Google Doc、Gmail 等业务，以供客户选择及使用。此外，Google 还提供云打印业务，以解决客户随时随地通过网络连接打印机打印的问题。Windows Azure 则是微软搭建的一个开放且灵活的云计算平台，其包含基础的 Microsoft SQL 数据服务，Microsoft.NET 服务，用于分享、存储、同步文件的 Live 服务，以及针对商业的 Microsoft Dynamics CRM 等。IBM 的 Smart Cloud 则提供了企业级的云计算技术和服务组合，其中，IBM Smart Cloud Application Services 即为 IBM 的平台即服务产品，支持客户在该平台上开发运行属于自己的应用；而 IBM Smart Cloud Foundation 则可以帮助企业快速搭建、运营与管理属于该企业的私有云环境。与此同时，这些云计算产业的巨头也纷纷与各国政府合作，推出了特色鲜明、具有代表性的系列云计算服务。

云计算的出现，把数据存储和数据分析变成了一个可以更方便获得的网络服务。这是一项重大的变革，一种企业、个人乃至全世界的使用及消费信息技术的模式正在被改写。不同于传统 IT 资源提供的方式，在云计算中，软件、硬件、带宽、存储等 IT 资源是以基础设施即服务（IaaS）、平台即服务（PaaS）、软件即服务（SaaS）等模式提供给企业或个人，同时还存在面向各种行业或各种需求的云服务，如金融云、医疗云、教育云、制造云等。企业或个人只需要拥有 PC 或手机、平板电脑等移动终端，就能随时随地按照自己的需求购买相关权限，使用相关云计算的资源，从而真正地实现像使用水、电、气一样使用 IT 资源。

云计算的目的是将 IT 资源以服务的模式提供给广大企业或个人，以实现随时随地的使用，从而为他们带来更为便捷和快速的 IT 体验和服务。对于广大企业来说，采用基于云计算的各项服务，可以节省大量 IT 资源经费的投入和人员成本，尤其对于中小型企业，它们不需要再投入精力、人力、财力等相关资源进行系统的维护与更新等，可以更专注于自身业务的发展；而对于个人来说，云计算带来了更为便捷的生活、学习、工作方式，降低了个人使用 IT 资源的成本。随着技术的不断改进与发展，云计算正在逐渐影响并改变人们工作和企业运作的方式。

追根溯源，云计算与并行计算、分布式计算和网格计算关系密切，是虚拟化、效用计算、SaaS、SOA 等技术混合演进的结果。作为 IT 行业的最大新趋势之一，云计算是对现有的 IT 技术和新型技术的融合与发展，同时还新增了弹性可扩展等新型特征，其彻底改变了 IT 行业的固有模式，改变了软件和硬件的提供方式，给 IT 行业乃至整个产业链注入了新的思维模式和商业模式。

二、云计算与网格计算

（一）网格计算

网格计算的产生是应对计算资源和计算能力不断增长需求的结果，其概念来源于电力网。但与电力网相比，网格的结构更复杂，需要解决的问题也更多，对推动社会快速的发展起到巨大的作用。

1. 网格与网格计算

网格的概念最早于 20 世纪 90 年代中期被提出，当时是用于表述在高端科学和工程上分布式计算的一种基础构造形式。网格一直处于不断发展和变化中，尚未有准确的定义和内容定位。

从广义上理解，网格是指巨大全球网格，它不仅包括计算网格、数据网格、信息网格、知识网格、商业网格，还包括一些已有的计算模式，如对等计算、寄生计算等。网格就是一个集成的计算与资源环境，或者说是一个计算资源池，能够充分吸收各种计算资源，并将它们转化为一种随处可得的、可靠的、标准的、经济的计算能力。而狭义的网格则专指计算网格，就是主要用于解决科学与工程计算问题的网格。

不管是狭义的还是广义的网格，其目的就是要利用互联网把分散在不同地理位置的计算机组织成一台"虚拟的超级计算机",实现计算资源、存储资源、数据资源、信息资源、软件资源、通信资源、知识资源、专家资源等的全面共享。传统的互联网实现了计算机硬件的连通,Web 实现了网页的连通,Web 服务实现了程序和程序之间的共享,而网格则试图实现互联网上所有资源的全面连通。

鉴于网格概念的不确定性,网格之父 Ian Foster 也对网格概念进行了限定,即网格的"三要素"。

(1)在非集中控制的环境中协同使用资源

网格整合各种资源,协调各种使用者,这些资源和使用者在不同控制域中,比如,个人计算机和中心计算机、相同或不同公司的不同管理单元。网格还要解决在这种分布式环境中出现的安全、策略、使用费用、成员权限等问题,否则,其只能算本地管理系统而非网格。

(2)使用标准的、开放的、通用的协议和接口

网格建立在多功能的协议和接口之上,这些协议和接口解决认证、授权、资源发现和资源存取等基本问题,否则,其只能算一个具体应用系统而非网格。

(3)提供非凡的服务质量

网格允许它的资源被协调使用,以提供多种服务质量来满足不同使用者的需求,如系统响应时间、流通量、有效性、安全性及资源重定位,使得联合系统的功效比其各部分的功效总和要大得多。

而网格计算则是基于网格的问题求解,严格地说,网格所关心的是一个崭新的信息基础设施的"构造"问题,而网格计算则关心如何"使用"网格平台来提供强大、经济与方便的问题解决途径。

网格计算实际上应归于分布式计算。网格计算模式首先把要计算的数据分割成若干"小片",而计算这些"小片"的软件通常是一个预先编制好的程序,然后处于不同节点的计算机根据自己的处理能力下载一个或多个数据片段进行计算。

网格计算的目的是通过任何一台计算机都可以提供无限的计算能力，可以接入浩如烟海的信息。这种环境将能够使各企业解决以前难以处理的信息问题，最有效地使用企业的系统，满足客户要求并降低他们计算机资源的应用和管理总成本。网格计算的主要目的是设计一种能够提供以下功能的系统：

① 提高或拓展企业内所有计算资源的效率和利用率，满足最终用户的需求，同时能够解决以前由于计算、数据或存储资源的短缺而无法解决的问题。

② 建立虚拟组织，通过让其共享应用和数据而在公共问题上进行合作。

③ 整合计算能力、存储和其他资源，能使需要大量计算资源的巨大问题求解成为可能。

④ 通过对这些资源进行共享、有效优化和整体管理，降低计算的总成本。

2. 网格计算的体系结构

目前网格计算技术流行三种体系结构，即五层沙漏体系结构、开放网格服务体系结构、Web 服务资源框架。

（1）五层沙漏体系结构

五层沙漏体系结构是由 Ian Foster 等最早提出的一种具有代表性的网格体系结构，也是一个最先出现的应用和影响广泛的结构。它的特点就是简单，主要侧重于定性的描述而不是具体的协议定义，容易从整体上进行理解。在五层沙漏体系结构中，最基本的思想就是以协议为中心，强调服务与 API 和 SDK 的重要性。

五层沙漏体系结构的设计原则就是要保持参与者的开销最小，即作为基础的核心协议较少，类似于 OS 内核，以方便移植。另外，沙漏结构管辖多种资源，允许局部控制，可用来构建高层的、特定领域的应用服务，支持广泛的适应性。

五层沙漏体系结构根据该结构中各组成部分与共享资源的距离，将对共享资源进行操作、管理和使用的功能分散在五个不同的层次，由下至上分别为构造层、连接层、资源层、汇聚层和应用层。

① 构造层——提供本地资源接口

构造层的基本功能就是控制局部的资源，包括查询机制（发现资源的结构和状态等信息）、控制服务质量的资源管理能力等，并向上提供访问这些资源的接口。构造层资源是非常广泛的，可以是计算资源、存储系统、目录、网络资源以及传感器等。

② 连接层——通信管理

连接层的基本功能就是实现相互通信，它定义了核心的通信和认证协议，用于网格的网络事务处理。

③ 资源层——共享单一资源

资源层的基本功能就是实现对单个资源的共享，使用户与资源安全"握手"。资源层定义的协议包括安全初始化、监视、控制单个资源的共享操作、审计以及付费等，它忽略了全局状态和跨越分布资源集合的原子操作。

④ 汇聚层——协调多种资源共享

汇聚层的基本功能是汇聚资源层提供的各种资源，协调各种资源的共享。汇聚层协议与服务描述的是资源的共性，包括目录服务、协同分配和调度以及代理服务、监控和诊断服务、数据复制服务、网格支持下的编程系统、负载管理系统与协同分配工作框架、软件发现服务、协作服务等。它们说明了不同资源集合之间是如何相互作用的，但不涉及资源的具体特征。

⑤ 应用层——用户的网格应用

应用层是在虚拟组织环境中存在的，其基本功能是调用各底层提供的服务，实现网格应用的开发。应用可以根据任一层次上定义的服务来构造，每一层都定义了协议，以提供对相关服务的访问，这些服务包括资源管理、数据存取、资源发现等。

在五层结构中，资源层和连接层共同组成了瓶颈部分，使得该结构呈沙漏形状。其内在的含义就是各部分协议的数量是不同的，对于其最核心的部分，要能够实现上层各种协议向核心协议的映射。同时，实现核心协议向下层各种协议的映射，核心协议在所有支持网格计算的地点都应该得到支持。因此，核心协议的数量不应该太多，这样核心协议就形成了协议层次结构中的一个瓶颈。

（2）开放网格服务体系结构

开放网格服务结构是继五层沙漏结构之后最重要的一种网格体系结构，是由 Foster 等结合 Web Service 等技术，在与 IBM 合作中提出的新的网格结构。OGSA 最基本的理念就是以"服务"为中心。在 OGSA 框架中，将一切抽象为服务，包括各种计算资源、存储资源、网络、程序、数据库等。简而言之，一切都是服务。五层模型的目的是要实现对资源的共享，而 OGSA 则要实现对服务的共享。

OGSA 定义了网格服务的概念。网格服务是一种 Web Service，该服务提供了一组接口，这组接口遵守特定的管理，解决服务发现、动态服务创建、生命周期管理、通知等问题。OGSA 将一切都看作网格服务，因此网格就是可扩展的网格服务的集合。网格服务可以不同的方式聚集起来满足虚拟组织的需要，虚拟组织自身也可以部分地根据其操作和共享的服务来定义。简单地说，网格服务 = 接口/行为 + 服务数据。图 2-1-1 是对网格服务体系结构的简单描述。

OGSA 以服务为中心，具有如下益处。

① 在 OGSA 中，一切都是服务。其通过提供一组相对统一的核心接口，所有的网格服务都基于这些接口去实现。它可以很容易地构造出具有层次结构的、更高级别的服务，这些服务可以跨越不同的抽象层次，以一种统一的方式去提供。

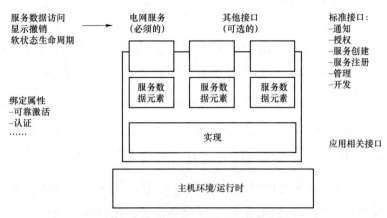

图 2-1-1 OGSA 的网络服务示意图

② 网格的虚拟化将多个逻辑资源实例映射到相同的物理资源上，在对服务进行组合时不必考虑具体的实现形式，可以以底层资源组为基础，在虚拟组织中进行资源管理。通过网格服务的虚拟化，可以将通用的服务语义和行为无缝地映射到本地平台的基础设施之上。

③ OGSA 包括两大关键技术，即网格技术（如 Globus 软件包）和 Web Service 技术。它是在五层沙漏结构的基础上，结合 Web Service 技术提出来的，解决了两个重要问题——标准服务接口的定义和协议的识别。

● Globus

Globus 是已经被科学和工程计算领域广泛接受的网格技术解决方案。它是一种基于社团的、开放结构、开放源码的服务集合，也是支持网格和网格应用的软件库。该工具包解决了安全、信息发现、资源管理、数据管理、通信、错误监测以及可移植等问题。

与 OGSA 关系密切的 Globus 组件是 GRAM 网格资源分配与管理协议和门卫服务，它们提供了安全可靠的服务创建和管理功能，元目录服务通过软状态注册、数据模型以及局部注册来提供信息发现功能，网格安全架构支持单一登录点、代理和信任映射。这些功能提供了面向服务结构的必要元素，但是比 OGSA 中的通用性要小。

● Web Service

Web Service 是一种标准的存取网络应用的框架，XML 协议相关的工作是 Web Service 的基础。Web Service 中几个比较重要的协议标准是 SOAP（Simple Object Access Protocol，简单对象访问协议）、WSDL（Web Service Description Language，Web 服务描述语言）、WS-Inspection、UDDI（Universal Description，Discovery&Integration，统一地描述、发现与集成）。SOAP 是基于 XML 的 RPC（Remote Process Call，远程进程调用）协议，用于描述通用的 WSDL 目标。WSDL 用于描述服务，包括接口和访问的方法，复杂的服务可以由几个服务组成，它是 Web Service 的接口定义语言。WS-Inspection 给出了一种定义服务描述的惯例，包括一种简单的 XML 语言和相关的管理，用于定位服务提供者公布的服务，而 UDDI 则定义了 Web Service 的目录结构。

（3）Web 服务资源框架

在 OGSA 刚提出不久，GGF 及时推出了 OGSI（Open Grid Services Infrastructure，开放网格服务基础架构）草案，并成立了 OGSI 工作组，负责该草案的进一步完善和规范化。OGSI 是作为 OGSA 核心规范提出的，其 1.0 版于 2003 年 7 月正式发布。OGSI 规范通过扩展 Web 服务定义语言 WSDL 和 XML Schema 的使用来解决具有状态属性的 Web 服务问题。它提出了网格服务的概念，并针对网格服务定义了一套标准化的接口，主要包括：服务实例的创建、命名和生命期管理，服务状态数据的声明和查看，服务数据的异步通知，服务实例集合的表达和管理以及一般的服务调用错误的处理等。

OGSI 通过封装资源的状态，将具有状态的资源建模为 Web 服务，这种做法引起了"Web 服务没有状态和实例"的争议，同时某些 Web 服务的实现不能满足网格服务的动态创建和销毁的需求。OGSI 单个规范中的内容太多，所有接口和操作都与服务数据有关，缺乏通用性，而且 OGSI 规范没有对资源和服务进行区分。OGSI 目前使用的 Web 服务和 XML 工具不能良好工作，因为它过多地采用了 XML 模式，这可能带来移植性差的问题。另外，由于 OGSI 过分强调网格服务和 Web 服务的差别，导致了两者之间不能更好地融合在一起。上述原因促使了 Web 服务资源框架的出现。

WSRF 采用了与网格服务完全不同的定义：资源是有状态的，服务是无状态的。为了充分兼容现有的 Web 服务，WSRF 使用 WSDL1.1 定义 OGSI 中的各项能力，避免对扩展工具提出新要求，原有的网格服务已经演变成了 Web 服务和资源文档两部分。WSRF 推出的目的在于，定义出一个通用且开放的架构，利用 Web 服务对具有状态属性的资源进行存取，包含描述状态属性的机制，另外也包含如何将机制延伸至 Web 服务中的方式。

WSRF 是一个服务资源的框架，一个具有五个技术规范的集合，其根据特定的 Web 服务消息交换和相关的 XML 规范来定义 Web 服务资源方法的标准化表述，具体如表 2-1-1 所示。

表 2-1-1　WSRF 中五个标准化的技术规范

序号	名称	描述
1	WS-Resource Life Time	Web 服务资源的析构机制，它使请求者可以立即或者通过使用基于时间调度的资源终止机制来销毁 Web 服务资源
2	WS-Resource Properties	Web 服务资源的定义，以及用于检索、更改和删除 Web 服务资源特性的机制
3	WS-Renewable References	定义了 WS-Addressing 端点引用的常规装饰，WS-Addressing 端点引用带有策略性的信息，用于在端点变为无效的时候重新找回最新版本的端点
4	WS-Service Group	连接异构的、通过引用的 Web 服务集合的接口
5	WS-BaseFaults	Web 服务消息交换且返回错误时所使用的 XML 类型

3. 网格计算的技术特点

与现在的网络技术相比，网格计算有以下几个鲜明的技术特点。

（1）分布性

分布性是网格计算的最主要的特点。网格计算的分布性是指网格的资源是分布的，组成网格的计算机、各种类型的数据库乃至电子图书馆，以及其他的各种设备和资源，不是集中在一起的。

（2）共享性

网格资源虽然是分布的，但是它们却是可以充分共享的，即网格上的任何资源都可以提供给网格上的任意使用者的。共享是网格的目的，没有共享便没有网格。解决分布资源的共享问题，是网格的核心内容。这里共享的含义是非常广泛的，不仅指一个地方的计算机可以用来完成其他地方的任务，还指中间结果、数据库、专业模型库以及人才资源等各方面的资源共享。

（3）自相似性

自相似性在许多自然和社会现象中大量存在，一些复杂系统也都具有这种特征，网格就是这样。网格的局部和整体之间存在着一定的相似性，局部在一些方面往往具有全局的某些特征，而局部的特征在全局中也有一定的体现。

（4）动态性

对于网格来说，绝不能假设它是一成不变的。网格具有动态性，它包括动态增加和动态减少两个方面的含义。原来拥有的资源或者功能，在下一时刻可能就会出现故障或者不可用；而原来没有的资源，可能随着时间的推移会不断加入进来。这种动态变化的特点就要求网格管理者充分考虑并解决好这一问题，对于网格资源的动态减少或者资源出现故障的情况，要求网格能够及时采取措施，实现任务自动迁移，做到尽可能减少用户的损失。

（5）多样性

网格资源是异构的和多样的。在网格环境中有不同体系结构的计算机系统和类别不同的资源，因此网格系统必须要解决这些不同结构、不同类别资源之间通信和互操作的问题。正是因为异构性或者多样性的存在，它们对网格软件的设计提出了更大的挑战，只有解决好这一问题，才会使网格更有吸引力。

（6）自治性与管理的多重性

网格上的资源，首先是属于某一个组织或者个人的，因此网格资源的拥有者对该资源具有最高级别的管理权限。网格应该允许资源拥有者对其资源有自主的管理能力，这就是网格的自治性。但是网格资源也必须接受网格的统一管理，否则不同的资源就无法建立相互之间的联系，无法作为一个整体为更多用户提供服务。因此，网格的管理具有多重性，一方面它允许网格资源的拥有者对网格资源具有自主性的管理，另一方面又要求网格资源必须接受网格的统一管理，以实现资源共享和互操作。

（二）网格计算和云计算的异同点

没有网格计算打下的基础，云计算也不会这么快到来。云计算是从网格计算发展演化而来的，网格计算为云计算提供了基本的框架支持。网格计算侧重于提供计算能力和存储能力，云计算则侧重于在此基础上提供抽象的资源和服务。

两者具有如下相同点。

（1）都具有超强的数据处理能力。两者都能够通过互联网将本地计算机上的计算转移到网络计算机上，以此来获得数据或者相应的计算能力。

（2）都构建自己的虚拟资源池，而且资源及使用都是动态可伸缩的。两者的服务都可以快速、方便地获得，且在某种情况下是自动化获取的，都可通过增加新的节点或者分配新的计算资源来解决计算量的增加问题。CPU 和网络带宽都可以根据需要进行分配和回收，系统存储能力可以根据特定时间的用户数量、实例的数量和传输的数据量进行调整。

（3）两种计算类型都涉及多任务，即用户可以执行不同的任务，可以访问一个或多个应用程序实例。

云计算和网格计算有着很多相同点，但它们的区别也是明显的，其不同点如下。

（1）网格计算重在资源共享，强调转移工作量到远程的可用计算资源上；云计算则强调专有，任何人都可以获取自己的专有资源。网格计算侧重并行的集中性计算需求，并且难以自动扩展；云计算侧重事务性应用，以及大量的单独请求，可以实现自动或半自动的扩展。

（2）网格尽可能地聚合网络上的各种分布资源支持挑战性的应用或者完成某一个特定的任务需要。它使用网格软件，将庞大的项目分解为相互独立的、不太相关的若干子任务，然后交由各个计算节点进行计算。云计算一般来说都是为了通用应用而设计，云计算的资源相对集中，以 Internet 的模式提供底层资源的获得和使用。

（3）对待异构理念不同。网格计算用中间件屏蔽异构系统，力图使用户面对同样的环境，把困难留在中间件，让中间件完成任务。而云计算是不同的服务采用不同的方法对待异构型，一般用镜像执行，或者通过提供服务来解决异构性的问题。

（4）网格计算更多地面向科研应用，非常重视标准与规范，也非常复杂，但缺乏成功的商业模式。而云计算从诞生之日起就针对企业商业应用，商业模式比较清晰。

总之，云计算是以相对集中的资源，运行分散的应用（大量分散的应用在若干大的中心执行）；而网格计算则是聚合分散的资源，支持大型集中式应用（一个大的应用分到多处执行），但从根本上来说，从应对 Internet 应用的角度来说，它们是一致的。

（三）云计算与网格技术的互补关系

云计算无疑是迄今为止最为成功的商业计算模式，但它并不能"包治百病"，而它的一些缺陷正是网格技术所擅长的。

1. 从平台统一角度看

目前云计算还没有统一的标准，不同厂商的解决方案风格迥异、互不兼容，未来一定会朝着形成统一平台的方向发展。而网格技术从产生之日起就是为了解决跨平台、跨系统、跨地域的异构资源动态集成与共享的，国际网格界已经形成了统一的标准体系和成功应用。网格技术能够在云计算平台之间实现互操作，从而达成云计算设施的一体化，使得未来的云计算不再以厂商为单位提供，而构成一个统一的虚拟平台。因此，"云"和"云"之间的协同共享离不开网格的支持。

2. 从计算角度看

云计算管理的是由 PC 和服务器构成的廉价计算资源池，主要针对松耦合型的数据处理应用，对于不容易分解成众多相互独立子任务的紧耦合型计算任务，采用云计算模式来处理效率很低，因为节点之间存在频繁的通信；网格技术能够集成分布在不同机构的高性能计算机中，它们比较擅长处理紧耦合型应用。针对一些紧耦合应用，如数值天气预报、汽车模拟碰撞试验、高楼受力分析等，这类应用并不是云计算所擅长的，如果云计算与网格技术能够一体化，则可以充分发挥各自特点。

3. 从数据角度看

云计算主要管理和分析商业数据，网格技术已经集成了海量的科学数据，如物种基因数据、天文观测数据、地球遥感数据、气象数据、海洋数据、药物数据、人口统计数据等。如果将云计算与网格技术集成在一起，则可以大大扩大云计算的应用范围。目前，Amazon 在不断征集供公众共享使用的数据集，包括人类基因数据、化学数据、经济数据、交通数据等，这充分说明云计算对于这些数据集的需求，同时也反映出这种征集方法过于原始。

4. 从资源集成角度

要使用云计算，就必须要将各种数据、系统、应用集中到云计算数据中心，而很多现有信息系统要改变运行模式、迁移到云计算平台上的难度和成本是不低的。还有一些系统的数据源离数据中心可能距离较远，且数据源的数据是不断更新的（物联网就具有此种特性），如果要求随时随地将这些数据传送到云计算中心，对网络带宽的消耗是不划算的。而且还会有大量的应用系统处于分散运转状态，不会集中到云计算平台上去；而网格技术可以在现有资源上实现集成，达到物理分散、逻辑集中的效果，可以巧妙地解决这方面的问题。

5. 从信息安全角度看

许多用户担心将自己宝贵的数据托管到云计算中心，就相当于丧失了对数据的绝对控制权，存在被第三方窥看、非法利用或丢失的可能，从而不敢采用云计算技术；而在网格环境中这种情况则不存在，数据所有者仍然掌握数据所有权。同时，数据资源的使用范围还扩大了、利用率提高了。由于数据源头分别由不同所有者控制，它们可以决定每一种数据是否共享和在什么范围共享，较之将所有数据都放进云计算数据中心共享更有利于避免敏感数据的扩散。

因此，云计算与网格技术是互补的关系，而不是取代的关系。网格技术主要解决分布在不同机构的各种信息资源的共享问题，而云计算主要解决计算力和存储空间的集中共享使用问题。可以预见，云计算与网格技术终将融为一体，这就是云计算的未来。

三、云计算核心技术

云计算核心是分布式处理、并行计算和网格计算等概念的发展，其技术实质是计算、存储、服务器、应用软件等 IT 软硬件资源的虚拟化。云计算系统运用了许多在虚拟化、编程模式、数据管理、数据存储等方面具有鲜明特点的技术，它们是云计算的核心技术。

（一）虚拟化技术

虚拟化技术可实现软件应用与底层硬件相隔离，它包括将单个资源划分成多个虚拟资源的裂分模式，也包括将多个资源整合成虚拟资源的聚合模式。

根据对象可分成存储虚拟化、计算虚拟化、网络虚拟化等，计算虚拟化又分为系统级虚拟化、应用级虚拟化和桌面虚拟化。

（二）数据分布存储技术

云计算系统需要同时满足大量用户的需求，为大量用户提供服务。云计算系统采用分布式存储的方式存储数据，具有高吞吐率和高传输率的特点。

云计算系统中广泛使用的数据存储系统是 Google 的 GFS 和 Hadoop 团队开发的 GFS。GFS 即 Google 文件系统（Google File System），是一个可扩展分布式文件系统。

GFS 的设计理念不同于传统的文件系统，是针对大规模数据处理和应用特性而设计的。它运行于廉价的硬件上，却可以提供容错功能，它可以给用户提供总体性能较高的服务。

（三）海量数据管理技术

云计算需要对分布的海量数据进行分析处理，因此，数据管理技术必须能够高效地管理大量数据。云计算系统中的数据管理技术主要是 Google 的 BT（Big Table）数据管理技术和 Hadoop 团队开发的开源数据管理模块 HBase。

如 Google 的 BT，是建立在 GFS、Scheduler、Lock Service 和 MapReduce 之上的一个大型分布式数据库，与传统的关系数据库不同，它把所有数据都作为对象来处理，形成了一个巨大的表格，用来分布存储大规模结构化数据。

（四）计算编程模型

MapReduce 是 Google 开发的 java、Python、C＋编程模型，它是一种简化的分布式编程模型和高效的任务调度模型，能保证复杂的并行执行和任务调度。

MapReduce 模式的理念是将要执行的问题分成 Map（映射）和 Reduce（化

简），先通过 Map 程序将数据切割成不相关的块，分配（调度）给大量计算机处理，达到分布式运算的效果，再通过 Reduce 程序将结果汇整输出。

第二节　云计算网络信息资源的内涵

一、云计算的显著特征

相较于传统的单机上网模式，云计算的服务必须具备以下几个显著的特征才能称得上是云计算服务。

（一）云计算提供最可靠、最安全的网络数据存储中心

云计算使用者不用担心计算机数据丢失或病毒入侵。很多人觉得将数据保存在自己看得见、摸得着的计算机里才最安全，其实不然，计算机如果损坏，就可能导致硬盘上的数据无法恢复或者被网络病毒攻击并窃取重要数据。反之，当文档保存在类似 Google Docs 的网络办公室文档软件服务器上，将照片上传到类似 Google Picasa 的网络相册里时，就不用担心数据的丢失或损坏。因为在"云"上，有全世界最专业的团队来管理数据，有全世界最先进的数据中心来保存数据。同时，严格的权限管理可以帮助使用者放心地与别人共享数据。

（二）可弹性伸缩硬件与升级软件并降低系统维护成本

相信大家都有维护个人计算机文档数据的经验。当用户将文档系统转换成云计算系统，可以随时与朋友分享数据，不用再考虑所使用的软件是否是最新版本，也不用再为软件或文档是否会染上病毒而发愁。因为在"云"上，有云计算服务公司的专业 IT 人员帮忙维护计算机硬件，安装和升级软件，防范各类病毒和网络攻击。用户以前在个人计算机上做的一切繁杂的管理工作，现在都可以由云计算服务帮忙解决。

（三）云计算可以轻松实现不同设备间的数据共享

全球上网人数正逐年增多，智能手机等手持装置快速增长，互联网不再是计算机独占的时代，为了使各装置间的数据都可以互通，将数据放到网络上变成了最好的选择，云计算正好可以符合这个要求。

生活中最常见的例子便是：手机里保存了几百个联系人的电话号码，个人计算机或笔记本里存储了几百个电子邮件地址，为了方便在出差时发邮件，不得不在个人计算机和笔记本之间定期同步联系人资料，买了新的手机后，又不得不在旧手机和新手机之间同步电话号码。当这么多装置间的繁杂资料需要同时操作，而且不能确认哪一个装置上保存着最新一份联系人资料时，找到自己需要的那个，通常会付出难以计算的时间和精力。

应用云计算可以轻松实现不同设备间的数据共享，因为在云计算的网络应用模式中，数据只有一份，存放在云服务器上，用户的所有上网设备都通过连接云系统去取得与编辑同一份联系人资料。这样的数据取得方式，会为用户节省不少的时间和精力，而且云计算数据的取得都是在严格的安全管理机制下进行的，只有对系统拥有访问权限的人，才可以使用或与他人分享这份数据。

（四）云计算对客户端的硬件设备要求低且不限制使用地点

云计算为网络应用提供了无限的可能，为数据保存与管理也提供了无限的空间，它同时还提供了完成运行各类应用所需的强大计算能力。当人们驾车出游时，只要用手机连上网络，就可以直接看到自己所在地区的卫星地图和实时的交通状况。还可以快速查询预先设置的行车路线，检视订房记录，在观光景点还可以把拍摄的照片或视频剪辑分享给远方的亲友。而且，云计算不限制使用哪一种硬盘装置上网以及在哪里上网，只要上网装置与云计算系统的网络联机正常，就可以享受云计算的便利。

云计算本身并不是任何一项资讯科技的新技术，而是一种利用互联网提供各种计算机服务的"概念"，其主要体现在三个方面，即提供应用程序、运作平台及计算机基础设施等服务。云计算的服务通常被划分为软件、平台与基础设施三种层次的服务。云计算能够让消费者或企业客户依照自己的需求，选用这三种服务，而不需要在个人及企业内部的计算机系统上安装有关应用程序。同样地，客户能从远程云计算供应商的应用程序服务器上获得相关软件服务。

二、云计算的形式

（一）SaaS

云计算服务中的 SaaS，有人主张直接翻译为"软件即服务"，本书将其翻译为"云计算软件服务"或简称为"云计算软件"。SaaS 使软件应用程序不再需要安装在客户的计算机中，这些 SaaS 云计算软件全部在网络上，只要通过一组账号与密码，就可以使用这些云计算软件。每一个知名的 SaaS 背后，都有庞大的计算与存储服务器集群在支持 SaaS 云计算软件的正常运作与快速计算能力。SaaS 是云计算的"一级战区"，是所有云计算服务提供者的必争之地。云技术降低了 SaaS 门槛，打破了以往由国际大厂垄断软件行业的局面。所有人都可以在"云"上自由挥洒创意，提供各式各样的软件服务给用户。

例如，Salesforce.com 网站就是一个成功的 SaaS 范例，除了 CRM（Customer Relationship Management）客户关系管理软件外，还有很多电邮、安全、薪资等服务软件。十几年前我们把这些公司称为 ASP（Application Service Provider）或 MSP（Managed Service Provider），在云计算的时代，这些联机软件服务都被称为 SaaS。另外，防毒软件的知名厂商趋势科技首创使用云计算技术进行防毒。使用者借由 SaaS 云计算软件服务，直接在网络上实时检测恶意程序，这样不但可以节省更多新病毒码所需的硬盘空间，还能一并解决病毒码批次更新速度比不上新病毒生成速度的问题。此外，这种更为主动且实时的防御方式，更能够有效防御来自恶意网页的攻击。因此，SaaS 云计算软件服务对软件商而言有莫大的帮助。因为云计算软件不用安装在客户端，所以降低了商业软件程序被破解的风险。

当未来网络上的 SaaS 云计算软件服务越来越多，会进一步带动其他上网技术的进步。例如，Wi-Fi 或 WiMAX 宽频无线网络技术的重要性会更加明显。所以，云计算的成功与否，除了自身软件服务的发展外，网络频宽的发展是云计算能否成功的关键。

（二）PaaS

大部分研究文章或报道将 PaaS 直接翻译为"平台即服务"，也有人将其翻译为"云计算平台服务"或简称为"云计算平台"。它的意思就是将提供云计算平台作为一项服务，使用者可以直接租用云计算平台服务公司提供的程序开发平台与操作系统平台，使用数据中心里的计算服务器、存储服务器，让散布在各地的开发人员同时通过云计算平台编写程序并开发云计算软件。

过去常见的国际公司软件开发模式是必须先将在本地收集的数据传到国外，经过国外工程师处理后再传回本地作业，如此一来需耗费大量的网络发送费用以及时间。而利用云计算之后，位于世界各地的开发人员便能够通过同一套平台实时且密切地合作。云计算不只是缩短数据发送时间，也加快了开发新产品的速度。

Force.com 这个网站是世界上第一个提供云计算平台服务的领导厂商，程序开发人员可以直接利用 Force.com 提供的计算与存储资源，创建与提供任意种类的商业应用程序，在网络上完全可以随意选择而不需要额外的软件来完成开发工作，进而大幅节省时间与成本。另外，Amazon 推出的 EC2（Elastic Com-pute Cloud）＋S3（Simple Storage Service），Google 推出的 GAE（Google App Engine）以及 Windows 开发的 Azure 都属于 PaaS 的一种，都可以让企业租用计算资源或存储空间来运行企业自己开发的应用程序。使用 Google 或 Amazon 提供的云计算平台服务，大幅度降低了云计算的使用门槛，即使一般中小企业没有足够的能力或财力自行创建庞大的计算机机房与网络基础架构，也能够利用 Amazon 或 Google 云计算平台开发 SaaS 云计算软件，进而提供全球性的云计算软件服务，而且个人或企业在 Amazon 或 Google 提供的云计算平台服务上开发程序，如果这个程序在网络上受到网友的喜爱，且愿意为其付费，那么这些开发者马上就成了云计算软件服务 SaaS 的提供者。

云计算软件开发厂商不需要购买昂贵的超级计算机与建置庞大的机房，只要租用 PaaS 云服务平台，就能够开发云计算软件并提供全球性的商业软件服务。因此，只要有好的创意，即使没有财力、物力自建机房，也能租用 Amazon EC2 或 Google GAE 之类的云计算平台资源，提供全球性的云计算软件服务，只要几个工程师在 PaaS 云计算平台上一起开发，就可以让开发出来的云计算软件服务全世界。

（三）IaaS

云计算服务的最底层是 IaaS，有人主张将其翻译为"基础设施即服务"，但也有人将其解读为"云基础设施"，还有人将其翻译为"云计算设备服务"。IaaS 是整个云计算概念的重要组成部分，是建构于云计算软件与云计算平台底层的硬件设备，被称为云计算设备。云服务供应商通过网络，直接提供计算服务器和网络服务器等硬件，以及网络连接点存储空间给有需要使用 IaaS 云计算设备服务的企业，而租用 IaaS 云计算设备的企业则省下了自行建置计算机机房与网络线路布置的硬件成本与购买软件的费用。例如，Amazon Web Service、IBM GO GRID、EMC 的 VMware 或 Citrix 系统的 XenServer 都是提供 IaaS 云计算设备服务的相关云系统厂商，这些云计算设备基本上都是由 IBM、Dell 或 Sun Microsystems 这些计算机系统硬件大厂提供的。

IaaS 云计算设备服务就是向提供云计算设备的公司租借硬件设备来使用，不过要注意的是，这些云计算设备都是虚拟的。

IaaS 供应商提供的是一种虚拟化设备平台环境，租用 IaaS 云计算设备服务的企业可以提出硬件需求，但是这些硬件设施全部在"云"上。使用者所使用的虚拟主机与虚拟服务器都是看不到也摸不着的，只能通过网络浏览器联机使用。

云计算设备其实是由多台具有高速计算能力的超级计算机，使用高速网络串联组成的数据中心。云计算设备的供应商为了打造这个数据中心，把一台台超级计算机安装在货架上，就像玩积木一样逐层往上推展，使得数据中心的外观宛如一个庞大的计算机农场。IaaS 云计算设备服务的数据中心的规模很大，这就使得摆在中间的单机计算机显得非常小。

第三节　云计算网络信息资源的应用

一、微软云计算应用

微软作为 IT 的领军企业，在每一次的 IT 变革中都经历了重要变革，它能够感受到用户需求的变化，并以此为依据提供先进的信息技术产品和服务。微软坚持信息技术的不断创新，正全心全意地致力于推进云计算时代的早日到来。微软作为云计算解决方案的提供商，采用先进的技术、服务、成熟的软件平台以及多样化的商业运营模式为用户提供全面的云计算解决方案，最终目的是让"云"触手可及。

（一）微软云计算概述

微软是全世界 PC 机软件开发的先导者，它是由比尔·盖茨与保罗·艾伦于 1975 年创建的，总部在华盛顿的雷德蒙市。微软作为全球最大的计算机软件提供商，目前员工达到 6.4 万人。微软的主要产品有 Windows 操作系统、Internet Explorer（IE）浏览器及微软的 Office 办公软件等。微软于 1992 年在中国北京设立了首个代表处，成立了在中国的研发中心、产品开发及技术支持服务机构等，形成了以北京为总部，上海、广州设有分公司的架构。

1. 微软云计算战略

微软的云计算发展战略主要包括三大部分，分别是微软运营模式战略、合作伙伴运营战略以及客户自建模式战略。

（1）微软运营模式

微软的运营模式发展战略主要围绕着微软自己构建以及运营公有云的应用和服务，为不同的用户（包括个人消费者和企业用户）提供不同的云服务，如微软提供给用户的 Online Services、Windows Live 等服务。

（2）伙伴运营模式

与微软合作的用户都可以使用微软的 Windows Azure 平台来开发 ERG、CRM 等各种云计算应用软件。微软自己的云计算平台中的 BPOS（Business Productivity Online Suite）产品也可交与合作伙伴进行托管运营。其中，BPOS 主要包括的就是微软在线服务，如 Exchange、Online、Office Online 以及 LiveMeeting Online 等在线软件。

（3）客户自建模式

用户可以选择微软的云计算解决方案来构建自己的云计算平台，微软可以为用户提供技术、产品、平台以及运维管理在内的全面支持。

微软云计算发展战略有三个典型的特点：软件＋服务、微软平台及用户可以自由选择微软提供的云计算解决方案。

2. 微软云计算解决方案

微软提供的云计算解决方案主要有 Windows Azure 平台、Windows Live 平台、Online 解决方案以及动态数据中心解决方案。

微软的云计算解决方案的架构，如图 2-3-1 所示。

（二）Windows Azure 云平台简介

Windows Azure 是微软推出的云计算操作系统，是微软的"软件＋服务"的真实体验。Windows Azure 平台主要是为开发者提供的一个平台，可以帮助开发者在云服务器上、Web 和 PC 机或者数据中心上开发应用程序,开发者可以使用微软的数据中心存储、计算以及获得网络服务等。

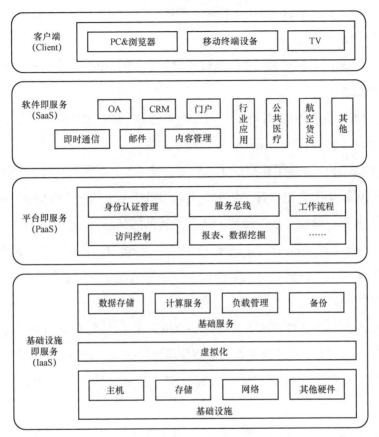

图 2-3-1　微软云计算架构

1. Windows Azure

Windows Azure 是一个互联网级的运行在微软数据系统的云计算服务平台,它不仅提供了操作系统,还可以为开发者提供服务。Azure 平台可以支持互操作,是一个灵活的平台。它可以创建云应用,也可以加强现有的应用服务。它采用开发式的架构,可以为开发者提供各种 Web 应用、互联网应用以及商业云计算解决方案。

Windows Azure 平台的主要组件有:Windows Azure、Microsoft SQL 数据

库服务、Microsoft.net 服务、Live 服务、Microsoft SharePoint 服务、Dynamics CRM 服务。

（1）Windows Azure 组件主要用于服务托管、底层可扩展的存储、计算和网络管理等。

（2）Microsoft SQL Services 组件提供扩展 Microsoft SQL Server 数据库应用到云中的能力。

（3）Microsoft NET Services 组件可以通过 NET 来搭建基于云的应用程序，并可以设置访问机制来保证用户程序的安全。

（4）Live Services 组件提供了一致的方法，用于处理用户数据和程序的资源。用户可以使用终端设备（如 PC 机、手机等）中的应用程序在 Web 网站上存储、共享、同步文档、照片、文件及其他的信息。

（5）Microsoft SharePoint Services 和 Microsoft Dynamics CRM Services 组件主要用于在云端提供针对业务内容、协作和快速开发的服务。

2. SQL Azure

SQL Azure 是以微软的 SQL Server 2008 为主，构建在 Windows Azure 云操作系统上的关系数据库服务，为应用程序提供数据存储服务。它是 Windows Azure 平台的组成部分，提供了托管计算、基础结构、Web 服务和数据服务等。

一般来说，SQL Azure 的功能可与 SQL 互换，除了在 Windows Azure 平台上一些数据库设置的大小限制不一样外，其余都是一样的。无论用户什么时候需要数据库，都可以选择 SQL Azure。相比起 SQL，SQL Azure 还具有一些优势，SQL Azure 的优点如下。

（1）协作性强：可以直接将数据移植到"云"中。它协作性强，可以帮助用户构建协作中心。当设置共享时，可以在各分支机构之间设置访问权限，可以利用托管服务确保数据的安全。

（2）缩放：可以根据用户的需要动态地扩展应用程序的功能。

（3）部门和工作组数据库：成套配置和简化管理，使管理员能够更加轻松地满足不同部门的需求。

（4）托管应用程序：在 SQL Azure 上托管数据库以减少工作负荷。

（5）成本低：通过微软的云计算应用模型可以降低成本。

二、Google 云计算应用

Google 设计和管理着一个互联网搜索引擎，它位于加利福尼亚的山景城，在公司内部有一个非正式的口号"不作恶"。Google 的网站是在 1999 年启动的，公司的产品 Google 搜索引擎是全球最受欢迎的搜索引擎，在 2007 年到 2008 年间，Google 被《财富》杂志评为全球最适合工作的公司。目前，Google 的搜索引擎分布在 30 多个地点的数据中心上，其中服务器就超过 100 万台，这些基础设施的数量还在迅速增长。Google 的一些应用（如 Google 地球、Google 地图、Gmail 邮箱、Docs 在线文档编辑器等）也都在使用这些基础设施。

（一）Google 云应用

Google 是当前世界最大的云计算使用者，Google 中典型的应用都是云应用，如 Google 地球、Google Driver、Google 浏览器、Google 在线文档、Gmail 邮箱、Google 演示文稿等，共计 15 款。

1. Google 地球

我们首先来认识 Google 地球，它的功能很强大。通过 Google 地球，可以浏览全世界任何角落，包括图像、地形和 3D 建筑。Google 地球是一款虚拟的地球仪软件，它可以把卫星照片、GIS 布置以及航空照相都布置在一个地球的三维模型上，Google 公司在 2005 年时就把 Google 地球推向了全球。

Google 地球有三个版本，分别为免费版、Plus 版和 Pro 版。用户可以下载 Google 地球客户终端到自己的计算机上，用于查看卫星图像、3D 建筑、3D 树木、地形、街景视图、行星等。Google 地球的数据更新根据区域和城市有所不同，对于一些比较有名的大城市，数据的更新是一年或半年一次，对于一些不太有名的区域，数据的更新可能几年一次。

（1）Google 地球免费版

Google 地球免费版提供了全球地貌影像，针对城市的高精度卫星拍摄的影像，可以查询餐馆、旅馆和行程路线，能单独显示公园、学校、医院、机场以及商场。Google 地球可以通过网址来访问，也可以下载 Google 地球的客户端。

（2）Google 地球 Plus 版本

Google 地球可以升级到 Google 地球 Plus 版本，但是升级版是要收费的，升级的费用每年 20 美金/年，升级到 Plus 版本的优点如下。

① 具有 GFS 数据接口导入，可以从 GPS 中导入行车线路；② 影像高精度；③ 通过 csv 文件来实现数据输入。

（3）Google 地球 Pro 版本

Google 地球 Pro 是商用版，针对企业的商用版需要付费，它的功能要比 Google 地球 Plus 更加强大。它将搜索出发地到目的地的路线，以 3D 模式显示出沿途的商业机构、学校和商场，并将这些记录制作成视频。

2. Google Gmail

Google 免费提供了 Gmail 服务。Gmail 是一种基于搜索的免费的 Web mail 服务，它将传统的电子邮件与 Google 的搜索技术结合起来，使 Gmail 的邮件查找过程大大简化。换句话说，Gmail 就是一个大容量的邮件系统，可为用户提供达到 5G 的邮件免费空间，并且容量还可以不断增加。另外，它还可以减少更多的垃圾邮件。

3. Goagent 代理工具

Google 的在线文档和电子表可以实现创建在线文档和共享工作页面的功能。它具有在线编辑器的功能，可以创建和保存 Doc、Xls、Csv、Dbs、Odt、Pdf、Rtf、Html 等文件，共享协同编辑与发布。可以访问 Http://docs.google.com，打开 Google 的在线文档和 Google 的电子表格，但是 Google 已经退出中国，目前已无法访问该网站，可以通过设置代理服务器的办法打开这些网页，接下来给大家介绍一款 Goagent 代理工具。

（1）Goagent 代理工具介绍

Goagent 是国内常常使用的免费代理工具，也是 Google 应用之一。Goagent 代理工具可以在 Windows、Mac、Linux、Android、IPod Touch、IPhone、IPad、WebOS、Openwrt、Maemo 等不同的平台上使用。这个工具对数据传输没有加密，因此那些对安全性要求很高的用户，可以选择其他的代理工具。

（2）Goagent 代理工具的下载

在 Goagent 的官网 https://code.goo gle.com/p/goagent/上下载最新版本。

（3）注册 Google App Engine 用户

下载好 Goagent 后，需要申请 Google App Engine 账户并创建 Appid，其操作过程如下。

① 首先申请一个 Google App Engine 的账户，网址是 https://appengine.google.com，接着用该 Gmail 账户登录。Gmail 账户登录之后，屏幕自动转向 Application 注册页面。

② App Engine 注册过程需要手机验证码，输入你的手机验证码，提交完成之后，GAE 账号即被激活，然后就可以创建新的应用程序了，点击"Create Application"即可创建应用。

③ 创建 GAE 应用，一个 Gmail 账户最多可以创建 10 个 GAE 应用。

（二）Google 云计算的关键技术

1. Google 文件系统 GFS

Google 文件系统 GFS（Google File System）是一个大型的分布式文件系统，用于存储 Google 的海量数据。它运行在廉价的硬件上，并能提供容错功能。它处于 Google 技术的底层，因为目前它还不是一个开源的系统，因此我们只能通过 Google 公开的技术文档来获取相关应用。

GFS 分布式文件系统主要是为 Google 的搜索引擎服务。有的应用还不适合传统的 GFS，如 YouTube、Gmail 等。目前 Google 开发了新一代的 GFS，其在设计上有所不同，如支持分布式 Master 节点来提升高可用性，Chunk Server 节点能支持 1 MB 大小 Chunk 等。

（1）GFS 的组成

GFS 分布式文件系统的组成主要有两类关键节点：Master 节点和 Chunk Server 节点。

Master 节点和 Chunk Server 节点通常运行在 Linux 系统上。Chunk Server 和客户机可以运行在同一台机器上，存储在 GFS 文件系统的文件被分成固定大小的块，这些块中有一个全局唯一标识 Chunk-Handle，其大小在 64 位，是在创建块时由 Master 节点来进行分配的。Chunk Server 节点以块为单位在 Linux 文件存储系统中进行读和写，为了保证高可靠性，每一个块被复制到多个 Chunk Server 上，在默认的情况下，有 3 个副本。

（2）Master 节点

Master 节点维护着系统中所有 GFS 文件系统的三种元数据：命名空间、Chunk 与文件名的映射表和 Chunk 副本的位置信息。Master 节点通过 HeartBeat 与每一个 Chunk Server 保持通信，给 Chunk Server 发送指令并收集 Chunk Server 的状态。Master 节点主要存储的是与数据相关的元数据，而不是真正的 Chunk 数据块。

（3）Chunk 数据块

GFS 中的每一个文件被划分成多个 Chunk，Chunk 的大小为 64 MB。为什么要把文件划分这么大呢？原因在于 Google 主要是处理大数据，采用 64 MB 为单位是一个合理的选择。每一个 Chunk 有 3 个副本，在 Chunk Server 节点中存储的是 Chunk 副本的信息，副本的信息采用文件的方式进行存储。在 Chunk 中又以 Block 为单位进行划分，Block 的大小为 63 Kb，在 Block 中有一个 32 位的校验和。当要读取 Chunk 的副本时，Chunk Server 就会读取数据和校验和进行比较：如果匹配，那就正常读取；如果不匹配，Chunk Server 就会返回一个错误信息，让客户端选择其他的 Chunk Server 上的副本。

（4）Chunk Server 容错机制

GFS 采用的容错机制为 Chunk Server。每一个 Chunk 都存储了多个副本，一般情况下有 3 个，这些副本会被存储到不同的 Chunk Server 上。副本的存储要考虑多种因素，如网络的拓扑结构、机架的分布以及磁盘的利用率等。如果 Chunk 的副本丢失了或者不可恢复了，Master 节点会自动将该副本复制到其他的 Chunk Server 上，以保证副本个数的一致性。

2. 分布式大规模数据处理 MapReduce

Google 的数据中心要处理海量的大规模数据（如网络爬虫抓取大量的网页信息，而这些信息的数据很多都在 PB 级别以上），这些大数据会导致我们的工作不能完全地按并行化的方式进行。Google 为了解决这个问题，研发出了 MapReduce 这种编程模型。

（1）MapReduce 是一个软件架构

MapReduce 是 Google 提出的一个软件架构，它采用并行编程模式来处理海量数据。它通常会对规模达到 1 TB 的数据进行并行处理，处理方式是 Map 映射和 Reduce 化简。

（2）MapReduce 产生的背景

MapReduce 这种编程理念是在 1995 年提出的。与传统的分布式程序设计相比，它增加了并行处理、容错处理、本地化计算、负载均衡等细节，还提供了一个简单而强大的接口，这个接口使复杂的分布式编程变得非常容易。

MapReduce 把对大数据集的大规模操作，分发给一个主节点，这个主节点会通过管理各个分节点来共同完成。在每一个生命周期里，主节点都会对分节点的工作状态进行标记，一旦分节点的状态标记为死亡状态，那么这个分节点的任务就会被分配到其他节点上重新执行。

（3）MapReduce 的思想

MapReduce 的名字源于这个模型中的两项核心操作：Map 和 Reduce。简单地说，Map 是把一组数据一对一地映射成另外的一组数据，其映射规则由一个函数来指定，比如对（1、2、3、4）进行乘 2 的映射就变成了（2、4）（6、8）。Reduce 是对一组数据进行归约，这个归约规则由一个函数指定，比如对（1、2、3、4）进行求和的归约的结果是 10，而对它进行求积的归约的结果是 24。抽象概括来说，Map 负责把任务分解成多个任务，Reduce 负责在分解后将多任务处理的结果汇总起来。至于在并行编程中的其他复杂问题，如分布式存储、工作调度、负载均衡、容错处理、网络通信等，由 MapReduce 框架负责处理，程序员可以不关心这些问题。

MapReduce 模式的主要理念是通过自动分割将要执行的问题（如程序）拆解成 Map（映射）和 Reduce（化简）的方式。

在数据分割后，Map 函数的程序将数据映射成不同的区块，然后将其分配给计算机机群处理以达到分布式运算的目的、Reduce 函数的程序将结果汇整，然后输出开发者需要的结果。

MapReduce 致力于解决大规模数据处理的问题，因此在设计之初就考虑采用数据的局部性原理，将整个问题分而治之。MapReduce 机群由普通 PC 机构成，采用无共享式架构。在处理之前，将数据集分布至各个节点，处理时，每个节点就近读取本地存储的数据进行处理（Map），将处理后的数据进行合并（Combine）、排序（Shuffle and Sort）后再分发（至 Reduce 节点），就避免了大量数据的传输，提高了处理效率。无共享式架构的另一个好处是配合复制（Replication）策略，机群可以具有良好的容错性，一部分节点的宕机对机群的正常工作不会造成影响。

第三章　大数据时代云计算技术的应用

本章内容为大数据时代云计算技术的应用，介绍了云计算技术在区域医疗信息化管理中的应用、云计算技术在区域教育发展中的作用、云计算技术在企业财务管理中的应用、云计算技术在媒介发展中的应用及云计算技术在物联网设备中的应用。

第一节　云计算技术在区域医疗信息化管理中的应用

一、区域医疗信息化的建设背景及意义

（一）区域医疗信息化的建设背景

1. 信息化的产生

人类社会已经进入了信息时代。信息技术的发展，不仅提高了人们的工作效率和生活水平，而且改变了人们的生产方式和生活方式。20 世纪 60 年代，日本学者首先提出了"信息化"这一概念，随后这一概念被译成英文传播到西方。20 世纪 70 年代后期，西方社会开始普遍使用"信息社会"和"信息化"这种说法。关于信息化的表述，我国学术界进行过较长时间的研讨。1997 年，首届全国信息化工作会议将信息化和国家信息化定义为：信息化是指培育、发展以智能化工具为代表的新的生产力，并使之造福于社会的历史过程。国家信息化就是在国家的统一规划和组织下，在农业、工业、科学技术、国防

及社会生活各个方面应用现代信息技术，深入开发并广泛利用信息资源，加速实现国家现代化的进程[①]。在《2006—2020 年国家信息化发展战略》中，信息化工作被提升到我国现代化建设全局的战略高度，其明确提出：信息化是全面建成小康社会、构建社会主义和谐社会和建设创新型国家的迫切需要和必然选择。

2. 医疗信息化的发展

医疗信息化是我国实施信息化战略的重要组成部分。医疗信息化是指医疗系统中的各类组织（如医疗机构，疾病预防和控制机构，卫生监督执法机构，妇幼保健机构，城市和农村社区卫生服务机构，药品、卫生材料生产、供销及管理机构，医学科研及教育机构）利用现代网络和计算机技术对医疗信息及数据进行收集、整理、存储、使用、提供服务，并对医疗领域和信息活动和各种要素（包括信息、人、技术与设备等）进行合理组织与控制，以实现信息及相关资源的合理配置，从而满足医疗行业信息服务与管理的需求。我国的医疗信息化建设经历了从无到有、从局部到全局、从医院向其他业务领域不断渗透的过程。21 世纪前，医疗信息化主要是将医院财务管理、收费管理、药品管理等业务管理模式计算机化。21 世纪后，依托计算机网络技术，医疗信息化加快了业务领域的信息系统建设，如公共卫生、卫生监督、妇幼保健、新型农村合作医疗等的信息系统建设。在医院，信息化建设的重点转移到临床信息系统建设，如逐步推广 HIS、PACS、RIS、LIS 等临床信息系统，但各个机构封闭式的信息化模式使得人民群众的医疗保健行为被分割为互不相关的几个部分。例如，当一个患者从甲医院转诊到乙医院，前者的检查、诊断、治疗信息不能传递到后者，而必须进行新一轮的重复检查、诊断和治疗。当前，我国医疗卫生信息仍然存在机构内部信息系统的"信息孤岛"现象。

---

① 李广乾. 政府数据整合政策研究 [M]. 北京：中国发展出版社，2019.

3. 区域医疗信息化的提出

20世纪80年代中后期,世界卫生组织和世界银行向我国介绍并推荐了"区域卫生规划"这一卫生管理和发展模式。随后,卫生部利用世界银行贷款在浙江省金华市、江西省九江市和陕西省宝鸡市这三个地级市进行了"综合性区域卫生发展项目"的试点。1997年和1998年,卫生部确定青海省湟中县、民和县为世界银行贷款"加强中国农村贫困地区基本卫生服务项目"的试点县,以完成地区卫生资源规划。1997年,我国颁布了《中共中央、国务院关于卫生改革与发展的决定》,1999年又颁布了《关于开展区域卫生规划工作的指导意见》。经过近几年的努力,我国各省、自治区、直辖市均制定了"区域卫生资源配置标准",200多个地级市制订了"区域卫生规划方案"。同时,在医疗卫生服务过程中,大家迫切希望建立适用共享的卫生信息系统,使医疗服务人员在任何时间、任何地点都能及时获取必要的信息,以便提供高质量的医疗服务;使公共卫生工作者能全面掌握人群健康信息,做好疾病预防、控制和健康促进工作;使居民能掌握和获取自己完整的健康资料,参与健康管理,享受持续、跨地区、跨机构的医疗卫生服务;使卫生管理者能动态掌握卫生服务资源信息,实现科学管理和决策,从而达到有效控制医疗费用不合理增长、减少医疗差错、提高医疗与服务质量的目的。

区域规划的引进、共享医疗的需求,促使我国区域医疗信息化开始"破冰之旅"。探索如何建立以区域为范畴,涵盖社区卫生、大中型医院乃至各种公共卫生服务的共享架构成为新的课题。为了实现这一目标,需要建立以居民健康档案为核心的区域信息共享平台作为支撑。通过区域卫生信息平台,将分散在不同机构的健康数据整合为一个逻辑完整的信息整体,满足与其相关的各种机构和人员的需要。这是一种全新的卫生信息化建设模式,世界上许多发达国家已将这种模式作为卫生信息化发展的重要战略方向。

20世纪90年代末以来,美国、英国、日本、加拿大、澳大利亚等一些国家先后开展了国家级以及地方级的区域医疗信息化建设。通过卫生信息共享来提高医疗服务效率、提高医疗服务质量、提高医疗服务可及性、降低医疗成本及医疗风险的作用已得到充分验证，并被公认为未来卫生信息化建设的发展方向。新医疗改革方案把建立实用共享的医药卫生信息系统列为"八大支柱"之一，卫生信息化被提到前所未有的高度。卫生事业发展"十二五"规划中进一步明确了要加强区域信息平台建设，推动医疗卫生信息资源共享，逐步实现医疗服务、公共卫生、医疗保障、药品供应保障和综合管理等应用系统信息的相互联通。2013年，国家卫生健康委员会发布《关于加快推进人口健康信息化建设的指导意见》，进一步扩展为区域人口健康信息化建设。

国家卫生部制定的《全国卫生信息化发展规划纲要（2003—2010年）》中明确提出："围绕国家卫生信息化建设目标选择信息化基础较好的地区，开展以地（市）县（区）范围为单元的区域医疗信息化建设试点和研究工作，建立区域医疗信息化示范区。至2006年，拟建立5～8个区域医疗信息化示范区，实现区域内各卫生系统信息网上交换、区域内医疗卫生信息集中存储与管理，资源共享的卫生信息化区域，总结经验后，逐步推广。"[①]2008年7月，国家卫生部统计信息中心开展了"基于健康档案的区域卫生信息平台方案征集"，正式拉开了我国区域医疗信息化建设的序幕。

国家卫生部陆续发布了《基于健康档案的区域卫生信息平台建设技术解决方案》《基于健康档案的区域卫生信息平台建设指南（试行）》《基于健康档案的区域卫生信息平台建设技术解决方案（试行）》《电子病历、基本架构与数据标准征求意见稿》《健康档案基本架构与数据标准（试行）》等，为各地区区域卫生信息系统建设提供业务和技术标准，让区域建设有据可依、少走弯路，高质高效地完成区域卫生信息系统的建设工作。

（二）区域医疗信息化建设的意义

在深化医疗卫生事业改革的关键时期，发展区域医疗信息化是对医疗改革政策的贯彻执行，具有重要的现实意义。

---

① 高燕婕. 医院信息中心主任实用手册［M］. 北京：北京出版社，2008.

对于各级政府，区域医疗信息化可以提高政府的决策效率和管理水平，提供应急指挥信息支撑系统，达到为人民群众办实事的目的。政府可以整合社会各方资源，加强对公共卫生突发事件的监测和预警，提高对突发事件的反应处理能力。同时，政府还能通过网络加强宏观管理，提高区域内卫生资源的调配能力。

对于疾病预防控制中心，区域医疗信息化可以对区域卫生状况进行有效的评价、公共卫生检测，为公共卫生管理部门提供全面有效的信息；可以加强对疾病与疫情的控制，提高应变能力，提高应对公共卫生突发事件的决策水平。

对于各医疗机构单位，区域医疗信息化可以节省医疗资源，提高医疗水平与工作效率。各级医院、社区卫生服务机构可以利用居民健康信息系统进行医疗、健康信息共享，提高医疗健康资源的利用率；医护人员通过网络查看患者的健康档案、电子病历，可以优化服务质量，提高工作效率。

对于普通居民，区域医疗信息化将患者的资料、检查情况、检验结果、病史和过敏史等医疗信息在一定的区域内共享，有利于病情的诊断和治疗，有利于档案的保存，避免重复检查、检验，使患者可以得到更高效、更准确、更便宜的医疗服务。此外，如果有了居民健康信息系统，居民除了可以通过网络在家里查询自己的健康资料，使用区域内统一的健康卡在各医疗机构便捷地就诊，还能主动了解各医疗、卫生部门提供的健康服务。

对于教学和科研，区域医疗信息化可以使科研和教学的区域变得更广阔，将局部的特色发挥得淋漓尽致，使诊疗的经验得以在更广阔的平台上进行交流，可以有效地促进医疗事业的发展，促进医院之间互相学习、互通有无、互为补充①。

总之，区域医疗信息化的建设与发展在改善医疗资源分配不均、控制医疗费用上涨、提高医疗质量、提高公共卫生防疫水平、促进教学和科研等方

① 王佐卿，王树山，邱洪斌，等. 新医改模式下区域卫生信息化建设的探讨［J］. 中国医院管理，2010，30（11）：47-48.

面都具有重要意义。区域医疗信息化不仅是社会发展的必然趋势，也是医疗卫生信息化建设向纵深发展的必然趋势。无论是医院信息化建设，还是构建个人健康档案等，都应对此予以极大的关注。

二、云计算在区域医疗信息化建设中的价值

随着云计算的迅速发展，其自身蕴含的价值在医疗信息化过程中也得到体现。它减轻了医疗机构的负担，使医疗机构把精力投入到其核心业务上。医疗卫生信息化发展的关键在于以患者为中心实现信息的共享、流动与智能运用，区域卫生信息化的核心是实现电子健康档案和电子病历的共享，而健康档案和电子病历在特定的几家医院间建立传输其实并不困难，通过系统间的接口完全可以实现，但是要实现区域内几十家医院和上百个社区之间的相互联通，通过点对点的接口方式基本是不可能的[①]。因此，一个合理的方法就是把医疗信息传输并存储到一个平台上，任何需要的机构或单位都从这个平台上获取，把点对点的问题变成多对点的问题，即建立一个集成平台。云计算所提供的各种虚拟化服务，可以很好地解决现阶段所存在的问题[②]。

云计算的智能管理算法和整合开发设计，为解决医疗信息化建设中信息资源的综合开发提供了崭新的思路。基于云计算的区域卫生信息系统管理方便、投资灵活、易扩展，对基层医疗单位技术人员要求低，适合我国当前卫生信息发展情况以及正在进行的医疗体制改革。充分发挥云计算的特点优势，迅速构建起以国家为主导、各省级为主要区域平台的卫生信息化系统，对提升我国医疗系统信息化水平，提高医疗服务质量，实现为群众提供安全、有效、方便、价廉的医疗卫生服务的总体目标具有重要意义。

云计算还带来了一种富有创新性的医疗信息化建设模式，目前中国的基

---

① 李包罗，李皆欢. 中国区域医疗卫生信息化和云计算 [J]. 中国数字医学，2011，6（5）：19-23.

② 周迎，曾凡，黄吴. 浅谈云计算在医疗卫生信息化建设中的应用前景 [J]. 中国医学教育技术，2010，24（4）：350-353.

层医疗机构信息化面临的巨大挑战，可采用这种模式去解决。首先，基层医疗机构是整个医疗体系中最为薄弱的环节，信息化需求强烈，固有的信息系统少，基层医疗机构的系统与大型医院相比相对简单，比较容易进行标准化建设，具有后发优势，比较适合进行大刀阔斧的变革。其次，新医改政策的推行对基层医疗机构提出了很多标准化的业务及管理要求，云计算模式从客观上也提供了一个进行标准化建设的外部环境。

三、云计算在区域医疗信息化中的应用

在我国的信息化建设中，基础网络建设已取得很好的成果，基层医疗卫生机构受限于人才和资源不足，可考虑放弃自建系统，由上级单位构建集中的云计算平台，或由更专业的云计算服务提供商通过网络提供更高质量、更可靠和更成熟的信息服务。通过这种方式，医疗机构能以更少的投入，获得更加稳定、可扩展、灵活的 IT 服务。其中，云计算正是实现信息服务的关键。基于云计算构建的区域卫生信息化的应用主要包括：区域卫生信息平台、居民健康卡、公共卫生、基层医疗卫生、新农合管理、医疗服务、综合管理、药品招标采购监管平台等，通过几乎包含全方位医疗卫生服务的众多的业务应用，构建区域统一、高质量的医疗卫生服务。

（一）建立动态的居民电子健康档案

依托云计算的深度数据处理能力，整合各医疗卫生机构的数据，借助居民健康卡，构建居民健康档案，实现多渠道信息动态采集，及时更新、补充、完善，实现"多档合一""活档活用"，为区域医疗卫生信息联动提供数据基础。

（二）实现一体化的区域卫生服务体系

依托基于云计算的区域卫生信息化对医疗卫生机构信息系统的整合，以健康为中心、家庭为单位、基础社区为范围、需求为导向，通过居民健康档案在各医疗卫生机构中的协同共享，实现服务功能，满足个人及家庭基本医

疗卫生服务需求，提高全民健康水平和生活质量。

（三）打造"协同共享"医疗服务模式

云计算的应用将为医院和患者节约大量时间，并实现真正的资源共享，以改善现有信息资源孤立的状况，形成医疗信息大联合的景象，从而将整个社会的医疗资源和各种医疗服务，如医院、专家、远程服务、社会保险、医疗保险、社区医疗、药品供应厂商、数字医疗设备供应商等，通过"云"连接在一起，实现全面整合医疗信息资源，提升整体医疗水平和效率的目标。

（四）提高卫生决策和应急指挥能力

整合区域内各医疗卫生业务系统数据，借助云计算的强大数据处理能力，对全区域海量数据进行数据挖掘和深入分析，实现医疗卫生业务综合查询、统计分析与实时业务监管，构建各种趋势模型与预警模型，为卫生行政管理部门和决策部门提供辅助决策工具以及应急事件监测和指挥调度工具。

（五）提供全程居民健康服务

以整合构建的居民健康档案为数据基础，采用门户技术，搭建起以居民为中心的一站式健康服务体系，为居民提供健康咨询、健康监测与评估、自我健康管理等服务。

四、云计算在医疗卫生信息化中的应用

云计算在区域卫生信息化中的应用不仅体现在宏观层面，还体现在能够为医疗卫生信息化建设提供具体服务的层面。

（一）在线软件服务

在线软件服务是软件即服务的一种典型的应用。在此应用中，医疗卫生

信息建设过程中所需要的软件不需要一次性购置，大大减少了建设成本。对医院来说，云计算服务商所提供的统一在线软件服务几乎能够支持医院要完成的任何类型的医疗软件应用，并可进行软件即时更新、在线维护。各医院除了可以根据自己的需要定制不同的应用软件外，还可以分享由大量系统连接在一起所形成的基础设施。这种服务大大降低了现阶段医院在支付软件许可上的费用，只在需要服务时才支付服务费用；还能使医院信息化建设的技术标准得到完善与统一，以解决现阶段各医院信息系统良莠不齐、技术标准不统一等问题。同时，由于现阶段部分行业软件的安装运行需要较高性能计算机设备的支持，医院对计算机硬件设备往往投入比较大。但是，在线软件服务降低了对医院计算机设备的硬件需求，只需一台装有浏览器的笔记本电脑或者一部可以上网的手机，就可以通过各种软件应用高效、快速地获取相应的医疗信息。

（二）硬件租借服务

由云计算服务商提供的硬件租借服务，可实现服务器的统一管理与维护，减少医院维护成本。按需租借也在一定程度上缓解了因为数据量的增大而需要对数据库服务器进行扩容的紧迫性，能够大大减少医院对相关基础设施的成本开支。这些成本的降低，将大大减轻小型医院进行 IT 维护的负担，从而降低医疗卫生信息化建设的门槛，有利于改善医疗卫生信息化建设不普及的现状。

（三）计算分析服务

云计算服务商所提供的计算分析服务，能够运用其本身超大规模的计算来提高对海量医疗数据的分析能力与深度发掘水平，在海量的数据中找到它们的关联规则并对其进行精加工和深度利用，为各级医疗机构、医院提供更加全面、准确的数据，为从业医师提供大量科学数据来支持其高效率、高质量的诊断，进而有效提高医疗质量，有效限制医疗费用的攀升。

（四）云存储服务

云存储是指通过集群应用、网格技术或分布式文件系统等功能，将网络中各种不同类型的存储设备通过应用软件集合起来协同工作，共同对外提供数据存储和业务访问功能的一个系统。由云计算服务商所提供的数据存储服务，构建医疗信息整合平台，将医院之间的业务流程进行整合，使得医疗信息资源在医院间得到必要的共享，特别是在查找与获得外部信息（如其他医院中的特色专科）和将患者在医院间转诊时，通过医疗信息整合平台，它将患者信息整合和存储，添加到电子健康档案中，方便其他医院获取相关信息。构建广阔的医院网络，能够改变医院以独立单位形式管理、资源利用不充分的现状，可以把医院从"信息孤岛"中解救出来，使医疗信息资源和患者信息在医院之间有效流动，改变因信息无法共享导致就诊和转诊时手续繁琐、重复检查、耗时、费钱、耗精力的现状。

第二节　云计算技术在区域教育发展中的作用

利用"云计算"为用户提供的服务称为云服务，随着云计算和移动通信技术的迅速发展，云服务也在各领域不断产生重要的影响。国内外各领域已出现关于云服务的一些相关的研究及应用案例，云服务也同样影响着教育的发展。"云教育"可以促进教育资源大范围、高效率的共享和利用，它在智慧城市的建设中也扮演着重要的角色。在国内积极推行教育信息化的背景下，教育信息化云服务的应用需求也与日俱增。

一、教育信息化云服务概述

（一）教育信息化云服务国家政策背景

《国家中长期教育改革和发展规划纲要（2010—2020 年）》提出构建灵活开放的终身教育体系，大力发展现代远程教育，建设以卫星、电视和互联网等为载体的远程开放继续教育及公共服务平台，为学习者提供方便、灵活、个性化的学习条件。云计算的出现，对于我们建立一个统一、开放、灵活的教育信息化公共服务平台有着重要的意义。《上海市中长期教育规划纲要（2010—2020 年）》指出，应建立教育信息化公共服务平台，提升、整合各类教育信息化学习资源，完善基础设施和服务体系，为学习者提供个性化学习服务。《上海市教育信息化"十二五"发展规划》中明确提出以云计算技术为核心建设上海学习网，构筑能够提供百万数量级学习者访问的上海终身学习云服务平台，建设多网合一的终身学习云应用支持服务系统，推进数字化优质资源的整合共享与社会开放。《上海推进云计算产业发展行动方案（2010—2012 年）》也提出，要建设典型应用示范工程，鼓励金融、文化、教育、医疗、交通等信息化水平较高的行业，率先运用云计算技术，提供覆盖市民的各类云计算服务。云计算作为最热门的计算技术之一，具有"超大规模、虚拟化、高可靠性、高可扩展性、通用性强、计算资源利用率高"等特点，是构建公共服务平台的理想计算技术。云服务是一种新型的计算服务模式，它整合分布在网络各处的资源，通过互联网向用户提供各种方便灵活、按需配置、成本低廉的信息化服务。构建智能的教育信息化云服务平台不仅是满足城市规划的要求，同时也是建设智慧城市、积极推进智慧教育文化体系建设、推动智慧教育事业发展的需要。

利用云计算关键技术可以建立可靠的数据存储中心和课程云服务中心，并依托分布式数据处理技术，对海量的课程资源进行检索、存储和管理，使各种数据变得智能化，用户或学习者只需一台可以连接 Internet 的计算机，就可以随时随地获取云服务资源。

利用云计算打造教育信息化平台，借助 SOA 和 SaaS、网格存储技术等，实行多租户模式，可以用于各教育机构或其他机构（学校和公司以及社会机构等）开展职业培训及其他用途。借助云计算的分布式计算和并行计算技术，服务器的响应速度大大提高了。平台在"云端"实行数据、安全、应用等统一管理，用户只需专注于自己的业务，而无须花更多时间管理，这种模式会大大节约教育信息化资金投入，可以改变政府在教育信息化方面的投资方式。

利用教育云打造教育信息化平台，借助 IaaS 和 API 技术，集成了众多应用程序，学习者可以选择自己喜欢的个性化页面形式和风格，按需选择应用程序和资源，可以在学习平台集成自己的学习、工作与生活，其对网络的利用效率大大提高了。平台可以为学习者提供定制服务，满足学习者不同的学习需求，使学习者更容易采用网络的方式进行终身学习，有助于终身教育体系的建立。

（二）教育信息化云服务

教育信息化云服务主要体现在教育云服务这个概念上，教育云是指以公开标准和服务为基础，实现物理资源的虚拟化，支持动态的扩展，为教育用户提供统一计算、存储、资源和应用等。在业务模式上建立统一的教育服务中心，统一管理与运营教育公共服务平台，教育用户可以以租用等方式使用各类资源。

教育云包括云计算辅助教学和云计算辅助教育等多种形式。

云计算辅助教学是指学校和教师利用云计算支持的教育云服务，构建个性化教学的信息化环境，支持教师的有效教学和学生的主动学习，促进学生高级思维能力和群体智慧的发展，提高教育质量。也就是充分利用云计算所带来的云服务为我们的教学提供资源共享、存储空间无限的便利条件。

云计算辅助教育，或者称为"基于云计算的教育"，是指在教育的各个领域中，利用云计算提供的服务来辅助教育教学活动。云计算辅助教育是一个新兴的学科概念，属于计算机科学和教育科学的交叉领域，它关注未来云计算时代的教育活动中各种要素的总和，主要探索云计算提供的服务在教育教学中的应用规律，与主流学习理论的支持和融合，相应的教育教学资源和过程的设计与管理等。

教育云在 2008 年初开始在业界出现，教育云相关技术将为教育教学带来革命性的变化。这主要体现在两个方面：（1）优质数字化教学资源的获取将变得极为容易和便捷，互联网用户可以快速地获得国内外一流高校的各类优质精品课程；（2）泛在化的学习将逐步流行，人们可以随时随地通过各类终端获得他们想要了解的各类知识。

教育云面向教育管理部门、学校、老师和学生乃至家长，提供教育管理、学校管理、设施维护及管理、教学内容及资源、学习管理等应用及服务，如访客管理、宽带及设备管理、信息通告、教学资源管理及共享、学业分析等。教育云还同时面向教育应用及服务提供方，为教育管理部门、学校、老师、学生和家长提供有偿或无偿的教育应用服务。教育云的主体是教育管理云、校园云、教育服务云和用户云。

教育云代表云计算技术在学习上的应用，"云"的理念改变了传统的学习方式，其演化为一种教育资源的整合手段，由此发展出新的教育模式。杨滨、王文霞从"云服务"的实际应用状态出发，将目前我国教育中常见的"云服务"归为两大类，即固态"云服务"和常态"云服务"。结合两种状态的"云服务"现状，围绕教育中的教学、管理和科研等工作，将固态"云服务"和常态"云服务"从应用的角度细分为八种服务状态，即协作平台、电子邮箱、博客空间、网络贴吧、搜索引擎、QQ 空间、QQ 群服务和移动服务。

"云"理念的核心就是资源的集中共享，即将所有资源集中到一个先进的平台上，使资源在统一的平台管理与调配下，具备最大的灵活性和高利用率，最终以服务的形式提供给终端用户。教育云服务的发展方向可以借用黎加厚教授的观点：一切皆服务，事事可在线，更快更方便，更加个性化[1]。

二、教育信息化云服务平台

（一）教育信息化云服务平台概念

教育信息化云服务是一种新的教育信息化服务模式和管理方法，能够把

---

[1] 肖君. 上海教育信息化云服务研究［M］. 上海：上海交通大学出版社，2013.

海量的、高度虚拟化的教育资源和教育应用管理起来，组成一个集资源池、教育应用为一体的统一服务。我们所提出的教育信息化云服务平台是在云计算的基础上构建的教育公共服务平台，主要由基础云架构、学习门户、云应用系统和支持服务系统等组成。其中，云应用系统提供直接面向学习者的各类云服务，包括"搜索云""学习管理云""媒体云""资源云"等各类教育 SaaS。教育信息化云服务平台能够为学习者提供智能识别终端设备、智能推荐学习内容、智能学习管理以及个性化资源等服务，有利于学习者使用多终端开展随时随地的学习，满足终身学习者的个性化需要。

（二）教育信息化云服务平台的特点

教育信息化云服务平台具有集约化、社会化、专业化的特点。

（1）集约化。传统的 IT 投资和运维模式是软件、硬件、服务器、存储、网络等分别投资，在业务发展的不同阶段建立新的系统，导致许多 IT 资源重复投资，IT 成本不断增加；很多相关业务的应用不能有效互通，造成"数据孤岛"、资源浪费，不能及时高效地为用户提供信息，也无法做到全面的数据挖掘和业务分析，为业务拓展与运营管理提供科学的决策依据。

相比之下，教育云服务模式能够实现教育业务内部集约化及网络化管理格局，提高运作效率，降低运营成本，尤其是在 IT 与运维人员成本方面能够产生显著的效果。

（2）社会化。通过搜索云和媒体云的建立，将教育资源向生产社会化和消费社会化两方面进行有效拓展，将一人、一组、一校无法实施和整合的事情通过与社会力量的合作去实现。

（3）专业化。教育云服务因其资源、教学方法论、教学服务的专业性，对其他竞争对手的市场切入建立了较高的准入门槛。同时，该平台将通过整合的资源访问统计分析，给出不同用户学习过程的统计数据，为系统改进提供明确指示。

（三）教育信息化云服务平台技术架构及服务功能

1. 教育信息化云服务平台技术架构

教育信息化云服务平台是在云计算的基础上构建的一个分布式体系架构，纵向分为用户层、终端层、SaaS 层、PaaS 层和 IaaS 层。该平台通过将云服务与现有基础架构平台相整合，具有集约化、社会化、专业化、开放化等特点，能够实现硬件资源和软件资源的统一管理、统一分配、统一部署、统一监控和统一备份，并实现基础设施即服务（IaaS）、平台即服务（PaaS）、软件即服务（SaaS）的云服务理念。其中，IaaS 层通过使用虚拟化技术，采用云模式构架，对 IT 资源进行整合和应用交付，建立稳定可靠、性能良好、资源利用率高、可伸缩性强的教育数据中心，按需分配软件、硬件资源，使在基础层面的网络资源、存储资源、计算资源等完全实现虚拟化，脱离与业务层的直接绑定关系，并根据应用的变化进行动态资源调配，在不影响上层应用的情况下，实现基础资源池灵活地动态扩充或削减，以租用的形式向用户提供各种服务，保证了资源的充分利用和关键业务的资源调度。PaaS 层可扩展架构，教育机构可以在这个基础架构之上建设新的应用，或者扩展已有的应用；SaaS 层提供高度灵活性、可靠的支持服务，具有强大的可扩展性，为各类教育机构提供功能强大的平台应用服务。教育信息化云服务平台 SaaS 层通过构建新型的云计算应用程序，提供更加丰富的学习应用，包括"搜索云""学习云""管理云""资源云"，并对教育信息化云服务平台提供身份认证、权限管理、智能推荐和行为分析等功能。教育信息化云服务平台的学习终端是多样化的，包括接入互联网学习平台与卫星学习平台的计算机、接入数字电视学习平台的数字电视、接入移动学习平台的各种移动设备。各类用户可以通过不同的终端设备访问学习平台，终端层将对用户使用的接入设备进行适配，为其自动选择接入点，智能推荐学习资源，以满足用户多样化、个性化的学习需要。

2. 教育信息化云服务平台服务功能设计

在注重平台服务能力的理念下，研究基于云计算的教育信息化公共服务平台的新功能与特点以支持学习者的终身学习和自主性、个性化学习，对已有各级各类教育的学习网络、学习系统和学习资源进行统一融合，便于学习者通过统一界面访问所需的学习内容，平台通过搜索云、学习云、管理云、资源云等主要教育 SaaS 云功能，形成"多模式、广覆盖"的教育信息化云服务平台框架，建立学习超市，以学习者为中心，通过四大服务功能为多样化需求的学习者提供"时时、处处"的学习服务。学习者首先登录云服务平台，通过搜索云，在海量的资源中快速准确定位需要的学习资源，通过学习云提供的学习工具及学习交流区等进行互动分享学习。管理云自动跟踪和积累每个平台上产生的学习者本身的信息以及学习过程记录（如记录学习资源的中断操作）、行为模式等，并统一保存在远程服务的学习档案数据库中。而资源云不仅支撑资源共享，更支撑学习云和搜索云的功能。目前这些服务功能正在上海终身学习云服务平台中得以实现，并逐步提供给终身学习者使用，以下是主要教育 SaaS 云的功能。

（1）搜索云

搜索云提供全网智能垂直搜索引擎服务，提供对平台上各类教育机构资源的重新整合和检索功能，针对教育资源特定领域提供更加专业、具体和深入的、主题化的、满足不同学习者需求的有效云学习资源，以保证用户能够更快速、更准确、更全面地获取其期望的检索结果。

（2）学习云

学习云服务能够实现网络环境下百万人同时在线学习及"云"中互动，为学习者提供一个交互式的数字化学习环境及电子书包终端支持。教师能够通过电子书包终端进行布置，批改电子作业，在线答疑。学生能够使用在线学习、交流、测评、提交作业等功能。

（3）管理云

管理云是指运用社交网络、移动互联网、云计算等新兴技术所催生的创新型管理模式。管理云能提供课程管理与检索、课程资源管理、学习档案袋、学分银行、信息统计管理等学习管理服务，其中，学分银行实现了不同类型学习成果的互认和衔接，包括学分管理、学分标准、学分等级、学分积累、学分查询、学分认证、学分折算、学分补偿、学分转换等管理功能。

（4）资源云

资源云服务以先进的技术手段支持教育信息资源的建设、上传、应用和再生；支持将静态资源转化为动态云服务，实现海量教育资源分布存储及统一服务、注册及搜索发现、目录服务、审查及更新、共享服务等功能；运用数据挖掘技术，实现隐性知识、动态资源的有效聚合和服务；支持与其他资源库系统的数据交换；支持超大规模用户并发访问；支持为多种终端提供不同格式资源的自适应服务，为各类人群提供资源云服务。

教育信息化云服务平台通过自适应机制，提供不同平台的资源服务。建立基于多种平台（包括互联网平台、移动网平台、数字电视平台等）的平台模板，实现了不同平台下的自适应转码。通过自适应调度分发对转码后的资源进行分发，使学习者在访问相应网络时能自动获得与该网络相适应、设备相适宜的资源。基于云计算的教育信息化服务平台，采用云管理方式，支持多终端的学习服务方式。学习者通过下载的移动学习应用或直接访问移动门户的方式进行移动学习。移动学习服务也将通过 Web Service 的方式与网络学习平台集成，以保证最大程度的复用性和扩展性。移动学习应用（客户端）将以嵌入 WebView（网页控件）的方式复用所有的在线学习功能，仅针对终端相关的功能开发客户端程序，如多屏合一、离线学习等。

三、区域开放远程教育云服务平台体系架构规划

开放远程教育是指以学生自主学习为主，服务对象可以扩展到全社会，采用现代远程信息技术于教学过程中，结合丰富的教学资源，通过现代教育手段进行实时与非实时交互式教学，为学生提供良好的学习支持服务环境的

教育形式。其现已逐渐转变成为素质教育和学习型社会的载体和推动力，成为国家增强学习服务产业竞争力的新立足点和突破口。

开放远程教育在越来越多国家的职业教育和成人教育中发挥着越来越重要的作用，越来越成为教育体系不可或缺的重要组成部分，是教育史上又一个新的里程碑，也是适应工业社会向信息化社会发展需要的产物。开放远程教育是教育信息化应用的重要领域，其基于教育信息化云服务平台技术架构，设计了一个区域开放远程教育云服务平台技术架构，可为构建新型开放教育系统提供参考。

（一）建设需求

一系列高新信息技术的出现为开放远程教育的发展带来了全新的机遇，促使开放远程教育逐步走向智能化、集约化、个性化、微型化、标准化、泛在化，这也成为区域开放远程教育云服务平台建设的主要需求和出发点。

（1）智能化：借助云计算和大数据等相关技术，构建智能化的远程学习系统，打造一流的开放远程学习服务平台，整合形成覆盖不同教育领域的资源库，以支持智能学习环境、智能学习社区的搭建，从而满足各种学习需求。

（2）集约化：教育云计算模式能够实现开放教育业务内部集约化及网络化管理格局，提高运作效率，降低运营成本，尤其是在 IT 与运维人员成本方面能够起到显著的效果。

（3）个性化：针对不同层次的受教育人群，构建个性化的开放教学环境，提供个性化的电子教材，利用云服务平台记录学习情况并为学生自主学习提供学习参考路径及符合现今交流习惯的沟通途径。同时可以挖掘学习者学习过程中产生的有价值的数据，为教学决策者提供支持，制定符合学习者的个性化学习方案。

（4）微型化：大规模网络开放课程、微课等微型教学方式越来越受到教育领域的关注，这也说明远程教育资源正朝着微型化的趋势发展。

（5）标准化：开放远程教育在遵循现有国际和国家教育信息化技术标准的同时，积极研制开放远程教育领域内学习平台设计、可用性评价、电子书包等各个方面的技术服务的相关规范。

（6）泛在化：结合丰富的多媒体学习资源、公共学习服务平台和移动学习终端，开放远程教育使学习场所不再受到时空的局限，满足人们随时随地学习的需要，构建了泛在化学习网络，促进了终身学习体系的构建。

（二）建设目标

建成先进的区域开放远程教育云服务平台，通过信息化手段支持开放远程教育平台面向社会广泛开放，实现与国家开放远程教育平台的互联互通，实现区域总部与分部的信息化有效集成和互联互通，成为区域终身学习大平台的重要组成。

区域开放远程教育云服务平台以云计算技术为基础，建设可伸缩的云计算基础架构、数据整合平台、基础应用平台、八大业务应用系统、一个门户网站以及覆盖区域的信息化支持服务保障体系，支持课程开放以满足区域开放远程系统开展学历与非学历教育的需求，提高了办学和管理效率。它适应人才培养模式和机制创新需求，从而为不同类型的学习者提供满足学历教育、非学历教育以及个性化自主学习等需求的多模式远程学习服务。

（三）具体目标

（1）以数据整合平台和基础应用平台为支撑，建成满足区域开放远程教育云服务平台需求的、功能齐全的 SaaS 软件系统体系，主要包括教与学系统、教学管理系统、行政管理系统、质量监控系统、学分银行系统、考试系统、支持服务系统、教育资源系统等，打造面向学生、教师、管理人员等各类用户的一体化、一站式服务平台，实现师生教学数字化、教学管理数字化、行政办公数字化、质量监控数字化、成果认定数字化、各类考试数字化、支持服务数字化等。

（2）为每位学习者提供基于云计算环境的数字化学习空间，为每位学习者提供一个终身学分银行账户，用以记录自身在学历教育、职业培训及文化休闲教育等终身学习过程中的学习成果及其认定转换。

（3）建设基于课程开放的、面向包括学历与非学历教育在内的各类社会学习者的新型网上学习支持平台，能支持多种类型的社会学习者、多种学习组织、多种分类模式的课程组织和管理、多样化的课程资源以及多种教学模式。

（4）形成稳定可靠、性能良好、资源利用率高、可伸缩性强的混合云基础架构。建立可同时提供百万数量级访问的区域教育云计算数据中心，区域城域网建成"万兆骨干、千兆汇聚、百兆接入"的网络架构，实现互联网、移动、IPTV、数字电视、卫星等多个通道的高速互通。

（5）建设区域开放远程教育云服务门户，开通各类教育频道，实现区域学习平台和分部（区县）子平台的互联互通，以及集中监控和统一调度。

（6）利用 IT 运维服务标准体系，建设以监控系统为主的综合运维管理平台，实现基础设施和应用系统的信息监控，保障教育信息化服务的有效运行。

（四）建设原则

1. 按需服务的建设原则

体现以用户为中心，以需求为导向的业务支撑体系。

2. 开放学习的建设原则

平台注重提供开放、自主的学习环境，坚持学习方式便捷化、学习服务个性化、学习活动社会化、学习评价多元化、学习终端泛在化、学习环境先进化、学习管理分级化、学习支持规范化。

3. 保护现有投资，整合共享的建设原则

在现有信息化平台投资建设的基础上，进行改造和功能扩展，对已建设和正在建设的各类不同类型的学习平台进行技术整合，对各类终身学习机构接入机制以及服务共享体系进行整合，节约成本。

4. 标准保障、接口规范统一的建设原则

依据教育信息化标准规范体系并结合国际标准进行建设，保障平台符合各种标准，实现数据共享和交换，同时各系统数据接口采用统一规范，实现各系统无缝连接。

5. 先进技术的建设原则

考虑平台的可持续发展和低成本性，立足先进成熟技术，如云计算、多屏合一技术等引领的以云服务为支撑的平台建设。

6. 分步实施的建设原则

采用自上而下的设计原则，整体规划，分步实施。首先进行前期统筹规划，进而按照建设进度分步实施，在应用和推广方面逐步推进，产生联动效应。

7. 充分利用社会资源的建设原则

在自建的同时，充分利用社会资源进行市区共建、多方合建。同时，利用已有的社会公共资源，避免重复建设。

（五）建设内容

区域开放远程教育云服务平台总体框架横向分为展示层、应用层、数据资源层和云基础设施层，纵向分为安全管理、机制管理、标准规范等建设以及综合运维管理平台。

（1）展示层是一组能与用户实现信息交互的渠道或设施，用户可以通过有线和无线的方式访问或接入区域开放远程教育云服务平台，并获取相应的教育教学资源。

（2）应用层注重软件即服务（SaaS）理念，分为业务应用层与基础应用层。

（3）业务应用层包含了八大业务系统，所有功能都是模块化的，便于系统功能的扩充，同时通过模块的拆分和组合来满足学历教育和非学历教育以及各管理部门人员的需求。各系统采取统一集中式平台、分级授权的应用模式，实现各类数据的集中管理与应用，实现平台的统一部署，灵活定制，快速集成。各分部（区县）子平台在市级平台的集中监控、统一调度的同时，也可加强符合本区县特色的平台建设，实现特色功能的有效接入。

（4）基础应用层分为多渠道接入、基础服务和通用服务，是一组为业务应用提供支撑，同时为业务应用提供附加服务的专业化技术组件，可方便调用。

（5）数据资源层分为数据交换层和信息资源层，解决了不同机构、不同学习者、不同课程、不同学历之间互相关联和统一管理的问题。

（6）云基础设施层包括虚拟化的服务器群、存储群、监控设备、网络体系等，可建立云存储平台和服务器虚拟化平台，为区域开放远程教育云服务平台提供云存储和服务器虚拟功能。

第三节　云计算技术在企业财务管理中的应用

一、财务共享相关概念

自从"共享服务"产生以来，学术界对其概念的界定就各执一词，直到布赖恩·伯杰伦的著作《共享服务精要》问世后，学术界对"共享服务"这一概念才有了较为一致的观点。在这本著作中，作者精辟地解释道："所谓共享服务包括三个基本要点：一是集团必须在内部建立起自身的非完全自主型实体，这是共享服务的基础；二是企业集团必须保证内部各个业务职能可以做到在一个服务器上集中完成，这是共享服务的关键；三是共享中心必须结合自身管理需求尽全力集中人才资源，以高工作标准和优质服务要求来提供技术支持。根据研究需要，对大型企业共享服务的理解主要侧重于财务管理应用层面，各分子公司都设立财务部门进行本公司的财务管理工作，但随着企业集团的业务扩展，企业集团必然面临着许多类似或者重复性较高的财务作业流程，为了提高企业集团的财务服务效率，就需要建立一个类似企业集团的财务中心对企业集团内部重复性的财务流程进行集中化处理。这一过程必然是标准化与非标准化的相互结合，其中必须标准化的就是集团下设分支间的较大出入的业务处理标准，可通过相关制度将不同标准固定下来，而非标准化就需要相关领域负责人根据实际情况（即标准预期之外的情景）进行更为智能化的判断。

除了节省人力和提高效率以外，企业集团内部实现财务共享的另一大好处就是实现了管理成本和财务服务质量的反向趋好，这种一箭双雕的反向趋好主要表现在两个方面：一方面是控制和降低了成本，另一方面就是将财务人员从繁复的基础业务中解放出来，使其在提高财务服务质量上有更广阔的发挥。从上述分析我们也可以看出，财务共享的实质目的就是不断追求企业集团内部的财务服务质量的提升，把财务人员从简单重复的核算业务中解放出来，使其专注于企业的财务分析等，从而提高企业的整体竞争力。然而，财务共享服务并不是无条件适用于任何企业，目前一些企业并没有相应的变革成本承担能力，为此企业在做财务共享服务变革战略时必须因地制宜地在集团内部各分支或者子公司逐步推广。

（一）财务共享服务的基本内涵

财务共享服务就是基于信息技术，以市场视角为内部、外部客户提供专业化财务信息服务的财务管理模式，是网络经济与企业财务管理共享理念在财务领域的最新应用。财务共享服务是通过信息技术将散落于下级单位的、重复率高的、可以使用统一规则的业务流程进行标准化的设计与安排，它通过信息技术的数据整合与收集功能，将流程中各种业务信息汇总集中到共享中心进行数据的分析与处理，使企业降减成本，提升服务水平，加快业务处理效率。

简单来说，就是企业将下属各业务机构所有的财务会计处理工作集中到一个服务中心进行处理。它服务于企业内部，提供专业化、标准化的服务，基于信息化视角对公司内的财务业务采用相同的流程进行处理。财务共享中心一般为一个独立的实体，它通过应用标准化的作业流程，能够提供质量水准较高的财务数据。财务共享服务中心是各个单位的财务业务运作中心、财务数据处理中心，它能够有效降低企业运营成本，为企业管理奠定良好基础。

（二）财务共享服务的发展历程

财务管理已经经过了三次变革：第一次是卢卡·帕乔利创建的复式记账法；第二次是计算机的普及，发展了会计电算化；第三次革命是在互联网与通信科技技术的助推下实现的，它使得财务工作可以通过互联网实现远程操作，管理模式发生巨大改变，促进了财务共享服务的产生。

20世纪80年代，欧美国家的企业迈出了共享服务的第一步。从2005年开始，中国财务共享服务已走过11年，大型企业集团开始逐步建立财务共享服务中心，为完成企业财务管理转型，实现流程再造，支持企业经营和战略发展迈出了关键一步。

财务的第四次变革随着人工智能、大数据、云计算的发展正在改变着会计行业的外部环境，对于财务共享服务来说未来的发展方向有三个方面：第一是财务共享服务中心的全球化，中国会出现越来越多全球化的企业，这意味着中国会有越来越多全球化的财务共享服务中心。第二个发展方向是智能化，目前很多重复性、数据性、可以量化、可以计算的信息都可以实现一定程度的智能化，财务信息系统会实现更加广泛的连接、更加自动的流程、更加智能的分析。财务部门未来会具备更加深入的洞察力和强大的解决问题的能力，为企业创造更多的价值。第三是财务共享服务会向GBS发展，在企业全球化、多元化发展过程中，它会将价值链的辅助活动集中起来，建立GBS是未来发展的必由之路。

（三）财务共享服务的框架

发展财务共享服务是财务管理领域实现改革的必经之路，作为财务领域的重大变革，建立财务共享服务需要一个规范、全面且详细的框架。

财务共享服务框架是指在财务共享服务建立及运营过程中所包含的关键

影响因素及各个关键因素根据它们的相互关系而组成的不同组合。财务共享服务的框架主要包含六个方面：战略定位、业务流程、组织与人员、信息系统、运营管理以及风险与变革管理。

战略定位是用来指导财务共享服务中心的工作方向以及为实现企业经营目标所要采取的相关工作方案。不同的企业制定的战略目标不尽相同，财务共享服务的运营目标也就不尽相同，同一企业在不同时期对财务共享服务所要实现的经营目标也会有所不同。财务共享服务通过效率大幅提升的财务流程、人力资源的节约、数据传递的自动化与独立性，以及不断革新与发展的财务管理模式来实现企业相关发展目标。

业务流程是为创造企业价值而要进行的一系列活动的组合，财务共享服务的功能实现需要各个流程去推动，组织、人员都是在流程的运作中完成自己的使命的。流程的标准化和统一是共享服务的关键，它服务于企业战略，以客户价值为导向，选择最佳实现路径，通过合理配置企业资源，满足各项业务需求，最终实现企业想要达到的目标。财务共享服务通过实施专业化的分工从各个流程中获取价值，建立流水线式的工作方式，通过高效、快速的运作模式，保证流程的时效以及任务完成质量。

信息系统是财务共享服务实现的关键手段。信息改变生活，信息技术的发展是实现财务共享服务的基础和必备条件。随着互联网技术的发展，数据信息成功实现了跨地域传递。只有充分利用信息系统，恰当地发挥系统间的协同作用，财务共享服务才能实现在相对各自独立的模块间进行有机整合，实现数据信息的流通。在已有的信息化平台中，目前企业资源计划系统（ERP）、影像管理系统、网络报销系统、银企互联系统等各个模块的技术支撑对财务共享服务功能的实现发挥了关键作用，只有利用现代信息技术建立信息系统，才能使财务共享服务发挥它的最大价值。

二、财务共享引入云计算的必要性

企业进行财务共享，主要服务对象是企业内部的相关公司，数量多，类型复杂。云计算拥有超大规模的服务器，计算能力是前所未有的，可以同时为大量对象提供计算服务，为下属公司大规模同时访问财务共享中心提供了条件。云计算支持用户使用各种终端在任意位置获取服务，用户只需要一个能够联网的电子设备即可获得来自"云"的资源。云计算技术使得企业下属公司能够在现有条件的基础上更便利地访问本集团内部的共享服务中心，从而更高效地解决财务相关问题。

企业以搭建自己的财务共享服务中心为基础来实现企业内部的财务问题共享时有一个技术支撑条件，那就是需要配置相匹配的硬件和软件，这些软硬件需要满足企业高峰时的操作要求，但这些设施成本高、常常被束之高阁，难以完全发挥其实际作用。云计算的出现解决了这一问题，减少了企业关于财务共享中心计算机配套硬件设施的购买成本，降低了企业一次性成本性投入，也免去了软件的安装、更新、升级、维护等方面的程序及费用。一方面，传统的技术已经不能适应企业财务管理的要求。面对当前环境的变化，它不能够迅速作出反应，而且其成本高昂，云计算小额费用的支出降低了企业在信息化方面所投入的成本，迎合了企业的需求；另一方面，云计算更加的灵活、高效，更能带动企业处理新的问题、开发新的业务，有利于企业在激烈的竞争中立于不败之地，在日益变化的环境中生存和发展。

三、云计算背景下财务共享中心建设规划

（一）财务共享中心建设的战略定位

战略定位是指为配合公司整体经营战略目标而确定的管控服务型财务共享中心未来工作的主要目标，以及为达成目标而采取的行动，结合企业的财务信息化现状及业务需求评估财务共享中心的价值，然后从战略层面与高层领导确定管控服务型财务共享中心的建设模式和运营模式，包括未来财务共享中心的发展方向等。战略定位是整个财务共享中心的指引，对财务共享中心的定位和发展方向具有至关重要的意义。战略定位处于管控服务型财务共

享建设的统领位置，从战略层面决定了整个共享中心的导向，能确保后续建设工作的实施不偏离既定的轨道，始终与战略保持一致，为财务共享中心建设奠定基础。

1. 财务共享中心的建设目标

财务共享中心的建设目标不是唯一的，不同企业建立财务共享中心有其各自侧重的建设目标，并且在财务共享中心建设的不同时期，不同的企业建设的首要目标也各有不同。

对国外企业来说，提高财务流程效率、降低财务成本以及提升总体业绩表现排在建设目标的前三位，其后是提升财务部门能力、提升财务的服务质量。没有采用财务共享中心的企业更看重能力、企业业绩、效益和质量等，采用财务共享中心的企业更注重财务共享模式带来的成本降低的好处。

国外企业最早认为效益是企业的出发点，其采用财务共享服务首先是出于提高效益的考虑，以较少的投入换取更多的回报。其次是利用标准化流程带来的影响，一方面可以降低财务成本，更快速地提升财务盈利能力；另一方面能够降低财务操作的复杂性，从而提高财务透明度，实现对监管要求的配合，以及财务服务的价值增值。

大部分专家、学者认为，财务共享服务在实现提升财务效率、提高企业在监管环境下的透明度、流程标准化转型三个方面同样重要。效率是要在行动分配上提高效益和有效性；管控是要掌握一定的平衡，既要保证控制的力度，又不能束缚公司；统一标准则指企业集团财务要在一定合理范围内实现标准的一致性，确保集团层面的财务制度标准化，才能够在集团层面实现财务业绩的可比性，保证对各个业务单位经营状况的掌控，实现有效的绩效管理。财务共享服务模式能够实现上述三个目标，但是也应当注重三者之间的平衡。毕竟衡量财务管理者业绩的是财务部门提供的整体服务质量，而不仅仅是共享服务的质量。

在建设目标上，中国现阶段的企业更多地把精力放在改善财务部门能力、降低成本、实现标准化流程、提升内控和风险管理能力方面，已经实施的企业认为财务共享中心是实现上述目标较为有效的手段，计划实施的企业也在一定程度上认为财务共享中心正是促进这些任务有效达成的一种较为理想的手段。

提升财务部门能力、转型到标准/预先设定的财务流程、整合后台以支持核心业务的快速发展以及降低财务成本，几乎概括了国内企业选择共享服务模式的主要原因。对于国内企业来说，降低成本还不是国内企业建立共享服务中心的最主要原因，将非核心业务标准化、合规化从而提高财务流程效率，实现企业财务转型才是更为重要的推动因素。

相比较而言，在具体业务目标上，国外企业更看重提升总体业绩表现、提升财务的服务质量、提升财务的内部和外部客户满意度、推动数据透明度等方面；国内企业更希望获得跨职能的最佳实践、提升财务人员能力、转型到标准/预先设定的财务流程、更广泛地支持公司的战略决策等。也就是说，国外企业更注重在财务上提高效益、降低成本，国内企业更希望财务共享服务模式能够对企业整体产生战略推动作用，通过加强流程管理实现强有力的财务管控，从而促进企业整体层面的财务转型。

不管是国内的企业还是国外的企业，未来必然走有"大共享"思维的建设路线，能集中的资源都可以共享，财务共享先行，人力、采购、法务、IT、研发等，都是今后共享服务中心建设的重要内容。而且，以财务大数据为核心的"大财务"、"大共享"、业财融合是未来的发展趋势，但不同企业目前面临不同的内外部环境，处于不同的发展阶段，所选择的管控服务型财务共享中心的建设目标也会有不同的侧重点。

2. 财务共享中心的职能规划

建设管控服务型财务共享中心要做好整个财务组织的职能规划，在财务共享中心建设的战略定位中，职能规划是应当关注的重点。

在管控服务型财务共享中心模式下对集团内部的财务体系进行规划，集团财务部门、财务共享中心和分/子公司财务部在未来做具体工作时的职能范围的偏重都不一样。

集团财务部门主要制定集团层面的整体政策，针对管理会计、运营分析等方面给管理决策层提供集团层面上的财务管理控制和高附加值的决策支撑，指导监督所属单位财务制度的建立和执行。

财务共享中心负责报账业务的稽核、结算和核算，进行记账，登记明细账、总账、月结、年结，出具财务报表，负责形成电子档案，进行存档管理，提供完整、准确的会计信息以及财务制度执行情况，在集团内部为企业提供服务。

分/子公司的财务部，负责组织本单位的财务业务工作，并接受上级单位的监督和指导，审核本地经济事项、原始凭证的真实性、合规性、合法性，负责对口当地外部监管部门，负责本单位的报账支撑职能，指导、协助业务部门在财务共享中心系统中填写财务核算信息和其他业务信息。分/子公司财务还可以利用财务人员专业化的财务决策分析知识，为业务方面的决策提供会计相关数据支撑。例如，分/子公司基于业务发展要购进新设备、新生产线，财务人员可基于业务需求分析购买方式是采用筹资购买、融资租赁，还是采用其他租用方式。每种不同方式的成本、收益怎样，分/子公司的财务部都要为业务决策提供必要的决策分析与支持。根据财务部门的职能体系规划，财务共享中心的组织职能建设主要有两种方案：一种是行政层级上与集团财务部管理层相同；另一种是下设至财务部，行政层级上隶属于财务部，在财务共享中心建设初期选择此方案较多。

两种方案的共同点是：财务共享中心承担会计核算职能，集团总部和分/子公司财务部承担财务管理职能，顺应管理会计与财务会计分离的发展趋势。

两种方案的不同点主要有以下四个方面。

（1）在汇报层级方面，方案一中财务共享中心向总会计师汇报；方案二中财务共享中心隶属集团财务部管理，其工作向集团财务部财务经理汇报，汇报层级增多。

（2）在政策推行力度方面，方案一中两部门属平级关系，财务共享中心在负责会计落地时，需跨部门协调，政策推行的难度和复杂度较高；方案二中财务共享中心和分/子公司财务部同属集团总部财务部指导，在会计政策向下推行时，有总体的管理和协调，会计政策推行的阻力较小。

（3）在财务职能内部协作方面，集团财务部在财务管理方面属于政策制定层，财务共享中心属于执行层，方案一中财务共享中心与集团财务部属合作关系；方案二中财务共享中心与集团财务部属于上下级协作，方案二更有利于保障各项政策制度的落实。

（4）在管理灵活性方面，方案一的财务共享中心作为一个独立的部门，更有利于行政管理方面的调整和变革。

财务部门的职能体系，由财务共享中心领衔，核算与财务管理并行。核算会计的基本职能是核算和监督，侧重于对资金运用、经济活动的反映和监督。财务管理的基本职能是预测、控制、决策，侧重于对资金的组织、运用和管理。管控服务型财务共享借助财务共享模式，实现会计与财务分离，推动财务转型，是提升企业财务管理转型的重要保障。

（二）财务共享中心的业务流程优化

业务流程指的是为客户创造价值的相关活动。管控服务型财务共享中心的所有业务都需要流程来驱动，组织、人员都是靠流程来实现协同运作的。好的流程标准化程度更高，可以让客户更满意，让业务更灵活有效，让工作质量更有保证且风险更低，还能让流程的成本更加低廉。

1. 业务流程梳理与业务流程范围

根据业务运行的风险和运行收益进行划分，建议将易于标准化和规范化、较快取得收益的低风险业务纳入管控服务型财务共享中心，如应收应付、总账核算、固定资产核算、费用报销以及成本的分摊核算、资金管理等业务。经过调研，最先纳入财务共享中心核算范围的六项业务流程是：费用报销、应付账款、资产核算、应收账款、工资核算、总账核算。

管控服务型财务共享中心颠覆了传统会计的工作模式，将传统的会计部门转型为"服务工厂"，建立了流水线的工作模式，对内部组织和个人赋予了新的职能。由于工作模式及职能的变化，一些业务流程也发生了变化，可按照业务类型梳理成标准化的业务流程和操作流程。业务流程梳理的主要依据是集团内控制度和相关管理制度，梳理完成的标准流程和管理流程通过信息系统予以固化。流程梳理不用泛化，不是所有的流程都需要梳理，而是要达到简要选择流程梳理、优化和再造的目标。

流程梳理应考虑业务端到财务端的全业务流程，同时重点关注业务与财务衔接的责任分工问题。流程梳理包括输入方、输入、过程、输出及输出方，其中，输入方主要指为流程活动提供关键物料、信息等资源的个人或单位；输入主要指流程活动或其中某项活动需要的物料或信息；过程主要指有价值贡献或核心的、有增值性的动作或动作集，属于满足客户需要必须完成的活动；输出主要指流程运行过程中产生的物料或信息，其输出的内容应该能满足客户各方面需要；输出方指使用流程产出的个人或单位。流程梳理完成后，在后续运营流转过程中，需结合相应的优化机制持续改进并完善。

梳理后的业务核算流程包括收入核算流程、成本费用核算流程、存货核算流程、在建工程流程、资产核算流程、税金计缴流程、应付款核算流程、银行贷款核算流程、资金拨付流程、总账核算流程等。总账核算流程作为核心，和应收核算流程、应付核算流程、资产核算流程、成本核算流程及资金核算流程等发生紧密的交互。梳理后的操作管理流程包括出纳管理流程、对账管理流程、资金管理流程、报表管理流程、会计稽核流程、会计核算流程、原始凭证管理流程、档案管理流程等。

费用报销类流程负责处理备用金借款、备用金还款、差旅费用报销、通用业务报销等业务。备用金借款流程是员工因公需要借备用金的流程，用于差旅、业务招待、商务活动、零星采购及其他费用性支出。备用金还款流程是员工完成备用金借款报销事项后，将剩余的备用金进行归还的核算流程。差旅费报销流程主要是指员工因公异地出差、学习培训等发生的交通费、住宿费、补贴费等报销的核算流程，包含乘机费、车船费、住宿费、餐费、市内交通费、培训费、差旅补助等费用报销。通用业务报销子流程指公司员工发生的由本人用备用金支付或个人垫付而后提单报销的各项其他无合同因公费用业务、报账人提单报销时对无合同对公挂账不付款业务、报账人提单报销时直接向无合同对公进行款项支付业务、银行依据与第三方签订的扣款协议直接从企业银行账户扣缴费用（如电话费、网络费等）的核算流程。

资金收支结算类流程主要包含资产与物资等结算支付办理、银行转账付款、承兑汇票付款、信用证付款、资金划拨、内部调剂还款等流程。

资产类流程包含固定（无形）资产核算流程、临时设施核算流程、在建工程核算流程，是将资金新增、折旧、减值、处置、调拨、盘点、摊销等相关业务场景进行业务流转与财务核算的流程规范。

物资核算流程包含物资结算核算流程、周转材料核算流程等，是指材料的暂估、冲销、出库、处置等相关业务流程。

收入成本核算流程包含对上、对下计划，成本季度确认等成本类业务的流程，如劳务、专业分包、机械结算、与业主的计量计价等相关业务流程。

薪酬核算流程包含人员计提信息、薪酬发放，主要指从人力资源到财务共享中心进行支付、核算的业务处理流程。

税金核算流程包含各种税种的计提与缴纳支付流程。

财务核算流程包含安全费用、不同单位之间的费用列支，及其他占比较小的业务，从通用业务入口进入共享中心进行核算。

对业务进行流程化、标准化梳理之后，管理制度化、制度流程化、流程标准化、标准自动化的管理体系逐步形成。通过业务流程梳理，对业务流程进行标准化处理，相关规章制度、业务管控点通过系统自动闸口，强化集团管控，规避业务风险。

当然，在这里我们会关心流程和职责权限的分工问题，应该在保证管控权限不变的基础上梳理业务流程；同时，原来业财一体化的流程，在共享模式上仍然要保证，甚至要更加强化。后期在共享中心运作过程中，根据运营发现的问题，要设定流程优化项目目标，进行流程优化追踪，通过 PDCA 形成版本化、制度化的流程优化制度。

2. 业务流程设计与优化

管控服务型财务共享中心的流程战略需要专注于财务共享中心的战略定位。管控服务型财务共享中心在建立之初就已经对战略进行了明确的定位，因此，财务共享中心的流程战略，需与共享中心战略始终保持一致，以共享中心战略为流程战略，以共享中心目标为流程目标，以流程的最优化效率为核心，来指导流程设计的工作。

流程设计应坚持"考虑同质性、兼顾特殊性"的原则，既能满足相同业务流程的流转，又能使特殊业务也纳入共享中心进行集中处理。例如，某建筑施工企业的核心业务是工程施工，但除核心业务之外还有房地产开发、设备租赁、物业管理等业务，针对各个板块的业务内容及标准差异较大的情况，应按业务板块管理和设置不同的流程。流程设计时需考虑的因素主要有流程成本、流程效率、流程风险、流程客户满意度、流程责任人五方面。

（1）流程成本

流程成本主要指业务流程在财务共享中心运作时的作业成本和资源成本，每项作业成本又包含作业变动成本、作业长期变动成本及作业固定成本。资源成本是指在经济活动中被利用消耗的价值，主要包含非消耗类资源成本和消耗类资源成本。

（2）流程效率

流程效率主要从业务流程流转的时间或速度、队列长度等方面进行评价。

（3）流程风险

流程风险主要从风险管控程度进行考虑。

（4）流程客户满意度

流程客户满意度主要指被服务方的满意度，可从上游环节对下游环节输出内容的满意度及外部客户的满意度两个方面进行考虑。

（5）流程责任人

流程责任人主要从明确节点责任人，以及节点责任人的职责与目标两个方面进行考虑。

流程设计因素中的成本、效率及风险在某种情况下是相互矛盾的，例如，外部结算付款时，采用手工付款方式对外付款，该种方式风险高、错单率高且效率较低；而借助信息化手段，通过网银或银企直联的方式对外付款，则可大大降低付款的错单率，提升付款效率，降低资金管控风险，但是相应的软件投入成本也会随之上升。因此，在考虑成本、风险及效率三者的平衡点时，还需要结合企业的战略目标及信息化水平综合考虑决策。

流程设计时可遵循"由总及细"的方式按层级梳理相关流程，对于不同的企业要进行详细调研，然后进行详细流程切割，把相关流程控制点进行梳理分类之后再进行整体规划。一般来说，可以先建立主要流程的总体运行过程，然后对其中的每项活动、每种业务情况进行细化，落实到各个部门、岗位的业务过程中，建立相对独立的子流程以及为其服务的辅助流程。

以管控服务型财务共享中心的资产核算流程为例：资产核算流程属于一级流程，资产核算流程中所包含的固定资产核算流程就属于二级流程，而固定资产核算流程中更为细化的固定资产新增流程、固定资产减少流程、固定资产调拨流程、固定资产折旧流程就属于资产核算流程的三级流程。

为保证财务共享中心未来流程的高效、稳定、规范运转，管控服务型财务共享中心的流程设计工作应尽可能地深入流程的最小单位，从全业务场景出发，对最低层级的子流程进行明细设计。

管控服务型财务共享中心实施最为普遍的流程，主要包括应付流程、应收流程、固定资产流程及总账流程等。对这些典型流程的研究和了解，有利于在实践中更好地对其实施流程管理，提高流程运作的效率和质量。

应付流程是共享服务中心实施的最为普遍的业务流程之一，这与其自身高度标准化，且有大量业务量支撑的特点相一致。应付流程主要解决面向公司内外部供应商的费用报销及货款或服务支付。应付业务通过影像管理系统、ERP 系统、银企互联/网银系统、供应商管理系统的支持，能够实现基于信息系统的高效共享服务流程。在应付业务过程中，最为重要的环节是公司和供应商的业务交接界面，这种交接体现在两个方面：一方面，供应商发票及业务信息向公司传递的界面；另一方面，财务共享中心支付并接受供应商查询的界面。基于这两个界面和财务共享中心内部处理过程，整个应付业务可以分为四个逻辑过程：发票信息采集、数据及业务处理、银行支付和客户服务。

应收流程的核心业务包括订单合同管理、开票及收入确认、收款及票据管理、对账反馈和内部控制。

订单及合同管理环节的业务一般是基于企业的电子商务系统和合同管理系统来完成的。市场上的人员根据系统中的合同报价功能，提供应标合同，并最终获取订单。订单取得后，需在系统中记录合同关键信息，这个环节可以采用人工录入或影像扫描、识别的方式进行处理。合同信息进入系统后，向后期共享服务业务处理系统和 ERP 系统提供数据支撑。

开票及收入确认，根据业务人员开具的发票请求，财务共享中心检查相应的合同条款，并据此开具发票。与此并行的，在合同达到收入确认条件后，财务共享中心需进行收入确认，开票和收入确认的相关信息反映到 ERP 中形成账务处理记录。

当接到客户付款通知后，财务共享中心检查银行收款记录，确认收款后完成银行及应收账款科目的会计处理。如果收到票据，则可以根据资金管理需要进行进一步的票据贴现或背书等操作。

在确认收款并入账后，财务共享中心工作人员通过客户关系管理系统将收款信息反馈给客户，并和客户定期进行对账，以发现可能存在的差错。

员工借备用金核算流程主要指对员工因公需要借备用金的核算流程，备用金常用于差旅、业务招待、商务活动、零星采购及其他费用性支出，报账人为需要借支备用金的人员。报账人在电子报账系统内提交电子报账单，填写备用金借支类型、借支事由、金额、还款期限等相关信息。

员工备用金类型分为非定额备用金和定额备用金，其中，非定额备用金是所有员工可以根据业务需要借支的备用金，目前暂无统一的限额规定，由业务财务进行审批决定是否同意借款并控制借款额度。定额备用金是针对特定岗位的员工，因工作需要需长期持有的备用金，目前暂无统一的限额规定，由业务财务进行审批决定是否同意借款并控制借款额度。不允许同一员工同时有定额备用金借款和非定额备用金借款。为使定额备用金持有人保持正常的备用金周转，报销时共享中心费用会计无须核销其备用金数额，可将相应报销款直接支付给员工。非定额备用金报销时，共享中心费用会计必须先核销其非定额备用金，只有非定额备用金核销完毕后才允许给员工支付报销款。借支备用金的员工要按年度完成备用金的报销或归还，否则不可继续进行备用金的借支。

共享中心费用会计审核时要重点关注借款审批意见、借支非定额备用金的员工是否有未核销或未归还的备用金、借支定额备用金的员工其定额备用金余额是否超限额。

在对管控服务型财务共享中心进行流程设计时，剔除各项核算业务中的财务要求对业务的影响外，其基本处理流程是类似的，通常都是由经办人发起流程，经相关领导审批，同时由票据员扫描影像，审批流程与实物流程匹配后转入财务共享中心处理环节，财务共享中心人员处理完毕后，流转至资金会计进行相关资金的收付及账务处理，最后实物票据流转至档案管理员处进行档案归集。

流程设计时应将企业经营中的业务流程、财务会计流程、管理流程有机融合，将计算机的"事件驱动"概念引入流程设计，建立基于业务实践驱动的财务一体化信息处理流程，使财务数据和业务数据融为一体，最大限度地实现数据共享，实时控制经济业务，真正发挥会计控制职能。

第四节　云计算技术在媒介发展中的应用

一、全媒体概述

（一）全媒体的产生背景

随着信息全球化进程的推进，信息的传播手段已经产生了革命性的变化。

每个时代，传播的手段和技术都在变革，并不断促进信息交流和知识共享。公元 15 世纪到 17 世纪，世界各地尤其是欧洲兴起了广泛的跨海远洋活动，这些远洋活动促进了世界上各个大洲之间的沟通与交流。远洋活动除了建立众多新的贸易路线以外，还为东西方之间的文化交流建立了通道。早期的报纸成为这种交流的媒介，殖民者携带本国的报纸漂洋过海，把信息带到世界各地，甚至在世界各地创办具有本国色彩的报刊，以此传播西方文化。这种传播方式虽然效率低下，并依赖于远洋航运，但不可否认的是，这是信息全球化的起点。19 世纪中叶，电报和电话的相继出现，促使欧洲国家建立了连接全球的电报电话网络。随着无线电技术的兴起和繁荣，无线电广播诞生了，其覆盖面广、传播迅速的优势立即显现，并在 20 世纪初快速发展。彼时，各国都在建设自己的广播台站，初步形成了全球性的广播网络。几乎是与此同时，通过电话电缆进行机电式电视广播的试验和短波电视试验取得了成功，英国广播公司随即开始了电视节目的播放。由此，信息传播进入了动态可视的时代。

此后的几十年，在全球信息化进程的推进过程中，广播电视作为一个行业迅速发展壮大，并使人类信息传播的广度和深度都得到了空前的发展。随着科学技术的不断发展，信息传播进入了数字时代。20 世纪 40 年代，美国数学家香农证明了采样定理，奠定了数字通信技术的基础。与其同时代的"计算机之父"冯诺依曼提出了冯诺依曼体系结构，其理论要点在于：（1）抛弃丨进制，采用二进制作为数字计算机的数制基础；（2）计算机应该按照事先订制好的程序顺序执行数值计算工作。在此基础上，20 世纪人类最伟大的发明——计算机诞生了。随着数字化理论、信息论的产生以及数字计算机的出现，信息传播进入了全新的时代。

信息传播依靠"媒介"，此时的媒介由于时代的进步和科学的发展，外延已经无限扩大，从单一的文字、图片扩展到音、视、图、文的交叉组合，促使这种改变的重要原因是信息的数字化进程和互联网的出现。一方面，信息的数字化是现代信息传播的基础，其具体概念是文字、图片、图像、声音，甚至是虚拟现实等所有可视、可听、可感觉的各种信息，实际上都可以通过采样定理，用 0 和 1 来表示，并被引入计算机进行处理。广播和电视的数字化是媒介数字化最好的范例，广播、电视节目从生产到最终用户收听、收看必须要经历的包括采集、制作、存储、播出、接收、数字化这些环节都可以通过计算机软硬件来控制，它可以提供给用户更好的视听体验。此外，最重要的一点是，数字化为广播电视应用 IT 技术提供了无限的可能性，为原本有差异的技术提供了融合的基础。另一方面，互联网的出现掀起了信息传播的革命。互联网发展到现在，已经超越了其被创造出来时的目的，它的根本作用已经变成了为人类提供便捷快速的交流服务，它提供了一个使人们能够相互沟通、交流的互动平台，让接入到网络中的个体既能够与其他个体点对点地交流信息，又能够通过访问公开的互联网站点来接收与发布信息。互联网相比前文提到的各种信息传播方式都更快速、更直观、更有效。

数字化和互联网是新媒体出现的先决条件。众所周知，新媒体是数字、网络等新技术在信息传播应用中所产生的新的媒体形态，相比于传统的报刊、广播、出版、影视等"旧媒体"，其外延仍在不断扩大，目前十分流行的移动应用就是新媒体的一种表现形式。移动应用的流行一方面是由于中国手机用户的数量基数巨大且一直在不断增长，另一方面是由于移动网络技术、多媒体技术不断革新。归根结底，数字化进程和互联网发展使信息传播进入了新媒体时代。

新媒体涉足的产业类型不仅限于传统的传媒产业，如广播、电视，它还包括互联网应用、动画、游戏、电子商务等一系列新兴产业。基于这个原因，目前对新媒体的分类是较为困难的，但人们仍然按照终端载体的属性，将新媒体分为网络新媒体、手机新媒体、新型电视媒体以及其他新媒体（包括路边媒体、信息查询媒体等）。这种分类方法并不见得准确，因为融合与发展是新媒体本身的一个重要特性，分类只能帮助人们更好地认识新媒体的形态，而无法准确描述新媒体的概念及特征。

此外，不仅新媒体在发展与融合，传统媒体也在整合自身资源，提高发展速度。随着数字化进程的推进，传统报业、广播电视等传统媒体正在逐渐走向融合，报纸、电视、广播作为传统传播手段，传播能力并未因为新媒体的冲击而减弱，反而传统媒体越来越多地开始利用互联网技术提升自身的传播能力，在应用新技术的同时还能够找到其与新媒体的融合点，使各种媒体形态不断革新、不断发展。在这样的背景下，新的媒体形态不断出现与变化，旧的媒体形态也没有因此消亡，而是出现了新旧融合、共同发展的局面。媒体的含义越来越广泛，表现形式越来越丰富，于是，全媒体的概念诞生了。关于全媒体概念和形态的研究从此展开，信息传播进入了全媒体时代。

（二）全媒体的演变过程

"全媒体"这个词最早是源于一家名叫玛莎-斯图尔特的公司。提到玛莎-斯图尔特，更多人想到的是美国的"家政女王"，她的故事励志感人，而"全媒体"（Omnimedia）这个词也一直是玛莎-斯图尔特家政服务公司的专有代名词。1976 年，玛莎-斯图尔特创立 Omnimedia，她总结了自己在烹饪和家庭装饰方面的知识和经验，并在 1982 年出版了专业家居指南《娱乐》。从此，Omnimedia 走出了成为媒体帝国的第一步。1991 年，该公司与时代华纳合作，推出了著名的杂志《玛莎-斯图尔特生活》，固定读者达到 210 万。该公司于1999 年上市，拥有并管理包括杂志、书籍、报纸专栏、广播电视节目、网站等在内的多种媒体，通过旗下的所谓"全媒体"，传播自己的家政服务和产品，玛莎-斯图尔特也成了美国最富有的人之一。应当说，玛莎-斯图尔特公司刚成立时，其媒体形态并不像现在这样齐全，在 20 世纪 90 年代，互联网在全世界范围内刚起步并逐渐发展，信息数字化进程正逐步推进，该公司没有条件利用先进的媒体技术实现所谓的全媒体形态。但是，此后的很多年，数字化进程的推进和互联网的出现使得该公司的产品可以借助新的传播渠道向外发散，并对美国社会产生影响。在这一过程中，其"全媒体"形态逐渐丰富，形成了现在这种多媒体形态融合并发展的状态。

在全媒体发展初期，报业集团变革成为了发展的主要动因。2009 年 3 月，美国赫斯特集团旗下的《西雅图邮讯报》宣布彻底脱离纸质媒体，这个有着146年历史的传统报纸完全转变为了电子报。彼时，整个报业面临的境况是：随着数字化进程和互联网的兴起，网络媒体不断崛起，传统报业面临着前所未有的冲击，发行量、广告营业额下降，读者数量减少，读者老龄化情况日趋严重。这种情况随着传统报业不断应用新媒体技术而逐渐改变，数字化的内容生产与发布，替代报纸的电子终端的出现以及无处不在的互联网，都使报业焕发出新生，并朝着全媒体的方向前进。具体表现为纸媒不再是唯一的形态，读者可以通过各式各样的终端浏览数字化"报纸"，这些报纸以音、视、图、文等多种形式组合起来，给人全新的视听感受。可以说，报业集团想要摆脱困境必须走内容多元化、数字化的道路，将产业内部整合起来，逐渐满足受众对内容产品形式、阅读渠道、消费体验、媒介服务等方面的多元化、多层次需求，不断开展各种针对受众的个性化服务，实现资源利用的最大化。

在世界全媒体发展大潮中，报业集团作为其中的一个领域为这场变革作出了重要贡献，为报纸在全媒体时代的发展指明了方向。而真正控制这场全媒体变革的"主角"却是在世界范围内拥有超凡影响力的媒体集团，它们拥有丰富的媒介资源，包括报纸、杂志、出版、发行、电影、电视、广播、有线电视网络、网站，甚至主题公园等多元业务类型。此外，媒体集团每一项媒介资源都拥有完整的产业链，并且这些产业链并不孤立，产业链与产业链之间相互交叉，互为补充。最重要的一点，媒体集团可以集团化扩张，整合手下各种资源，优化产业链，使之具备高效互惠的特点。在世界范围内，有很多成功的例子。2000年，媒介综合集团成立坦帕新闻中心，将旗下的《坦帕论坛报》、WFLA电视台和报纸的坦帕湾网搬到一座大厦办公，开始了媒介融合实验。此后，这个集团不断发展，拥有了电视台、日报及相应的附属网站，同时还拥有面向不同地区、不同群体的定向出版物等。它们整合了人力、传播手段等媒体资源，创建了全媒体不断融合的综合性媒体平台。

从世界范围内看，媒体集团扩张确实是全媒体发展的有效模式。在国内，对全媒体的探索正快速展开，且发展速度惊人。从理论上来说，包括广播、电视、报纸、杂志、广告、互联网等众多行业的相关从业者已经提出不少关于全媒体的定义、战略、定位等。从这些理论出发可以归纳出国内全媒体发展的两种方式：第一种是扩张式全媒体，这种方式不断丰富和扩展传播手段，所谓"全媒体出版""全媒体广告"等都是典型事例；第二种是"融合式"全媒体，这种方式在不断丰富首播方式的同时，还兼顾各种传播方式的有机结合，如已经探索多年的"全媒体新闻中心""全媒体电视""全媒体广播"等。烟台日报传媒集团于 2008 年 3 月整合集团资源，组建了全媒体新闻中心，在生产流程、运营管理方式等方面作出了全媒体化的改革探索，其业务除新闻出版外，还广泛涉及广告、发行、印务、通信、影视、教育等相关产业。此外，文化活动也在尝试全媒体运作。文化产品的全媒体推介运营，包括 2008 年的电影《非诚勿扰》和 2012 年的电影《搜索》，都是全媒体营销的范例。

（三）全媒体的概念

2006 年 9 月出台的《国家"十一五"时期文化发展规划纲要》和 2007 年 11 月发布的《新闻出版业"十一五"发展规划》都指出，需要建立国家数字复合出版系统工程，这项工程包括全媒体资源服务平台、全媒体经营管理技术支撑平台、全媒体应用整合平台等项目。有了国家的支持，一批传统媒体企业纷纷在全媒体领域展开实践探索，随着这些实践活动的深入，学界也开始针对全媒体进行了学术探索。随着信息技术与通信技术的发展，人们首先理解了在技术层面的全媒体的含义，即通过使用不同的技术，用各种媒体形态表达同一件事。然而，技术仅是媒体行业的支撑，从技术的观点还是不足以理解全媒体。

全媒体的概念来自传媒界的应用层面，是媒体走向融合后跨媒介的产物。具体来说，全媒体是指综合运用各种表现形式，如文、图、声、像，来全方位、立体地展示传播内容，同时通过文字、声像、网络、通信等传播手段来传输的一种新的传播形态。此外，从运营管理上来说，全媒体是指一种业务运作的整体模式与策略，即运用所有媒体手段和平台来构建的大的报道体系。全媒体不是单形态、单平台的，而是在多平台上进行的多落点、多形态的传播，报纸、广播、电视、网络等都是这个报道体系的组成部分。全媒体的概念是随着信息和通信技术发展、应用和普及，不断从技术层面上升到传播学、管理学层面的。目前，全媒体的概念尽管还没有最终定论，但是其内涵却在媒体传播实践中不断丰富并发展。

在全媒体实践中，无论是传播形态的创新，还是管理运营的变革，融合都是全媒体发展的最主要特征，传播形态的融合、运营模式的融合、受众与生产者的融合是全媒体发展融合的三种表现形式。

第一，传播形态的融合。全媒体是媒介形式的集合、内容形式的集合以及科学技术的集合。纸质媒介、广播媒体、电视媒体、互联网媒体、手机媒体等都是其传播媒介，全媒体传播会以一种或几种媒体作为媒介，文字、声音、图像、动画、视频以及这些元素的各种组合形态都是其内容表达的形式，广电网、互联网、电信网是其传播的基础网络，各式各样的终端，可以随时随地获取信息。在广播网络、电信网络以及互联网逐渐走向发达的今天，各种传播形态也正在走向融合，使得各种媒介能够在任意空间、任意时间传播信息。

第二，运营模式的融合。运营模式的融合主要指在传播形态融合的基础上对媒体运营方式、方法的创新，其最重要的一点是发挥各个内容渠道的特点，多方面包装信息源，同时找到各个内容渠道的融合点，充分利用各种渠道传播信息，最终找到效率与收益都达到最高的平衡点，实现运营模式的创新。以传统广播电视为例，目前最常用的模式即与互联网媒体进行合作，实现内容渠道、运营模式的融合，并在此基础上实现创新。

第三，受众与生产者的融合。全媒体发展过程中，传播渠道日趋多元，不再强调某种单独的传输渠道，媒体之间的边界逐渐模糊，并不断融合，在此基础上它重新抓住了用户，进而获得了更大的市场。作为用户，在媒体新传播形态和新运营模式中，能够很方便地参与内容生产，这样一来，消费者的角色将由受众变成用户以及内容生产者。从传统的传播方式来看，媒介消费基本免费，传播的内容以单向的点对面方式呈现，媒介经营很大程度上依赖争夺收视率、收听率、覆盖率而产生的广告收入。到了全媒体时代，用户的需求更加个性化，他们按照自身需要获取信息，通过与媒介平台、内容商、运营商的充分互动，实现点对点地传播与消费。从这种观点看来，媒体的影响力和发展水平将越来越多地取决于对用户价值深度挖掘的能力。在全媒体时代，用户会融合为媒体的一部分，抓住了用户就抓住了媒体发展的未来。

　　通过了解全媒体在理论上的研究和在实际中的发展，可以总结出，从字面上来讲，全媒体就是全部的媒体，其所指并不是个体，而是一个集合。全媒体不是一成不变的固定模式，而是一个开放的系统。当互联网技术和移动通信技术日益发展成熟之后，全媒体就成为了一个不断开放、不断包容的传播形态。随着通信技术的不断发展，还将有许多意想不到的传播形态加入其中，丰富受众的媒体体验。因此，全媒体是在信息、通信、网络技术快速发展的条件下，各种新旧媒介形态，包括报纸、广播、电视、互联网媒体、手机媒体等，借助文字、图像、动画、音频和视频等各种表现手段进行深度融合，产生的一种新的、开放的、不断兼容并蓄的媒介传播形态和运营模式。从传播载体形态上看，全媒体可概括为报纸、杂志、广播、电视、音像制品、电影、出版、互联网、电信等的总和；从传播内容形式上看，它涵盖了视、听、形象、触觉等人们接受信息的全部感官；从信息传输渠道上看，它包括了传统的纸质传播渠道，广播电视网承载的有线、无线、卫星传播渠道，电信网承载的有线、无线传播渠道，国际互联网传播渠道等。全媒体通过提供多种方式和多种层次的各种传播形态，满足受众的细分需求，使得受众获得更及时、更多角度的媒体体验。

　　从这个定义中我们能知道，所谓全媒体技术，也就是实现全媒体内容采集、制作、发布、传送、接收的相关技术的集合。

（四）全媒体的特征

通过了解全媒体的概念我们可以知道，全媒体是信息、通信及网络技术条件下各种媒介实现深度融合的结果，全媒体在发展及实践过程中体现出三个特征。

第一，融合性。全媒体不是跨媒体时代的媒体间的简单连接，不是各种媒体的简单组合，而是共存互补、有机结合，强调的是各种媒体介质的融合。全媒体不仅将新闻领域的相关信息加以整合，同时将传播技术、传播形式和手段、营销方式等全方位整合。它将不同的媒介载体形式、内容形式以及技术平台融合起来，形成了传播技术、内容、渠道、营销的集成体。

第二，系统性。全媒体可以是多媒体融合发展的表现形式，也可以如传统媒体一样呈现单一表现形式，在整合运用各媒体表现形式的同时，全媒体仍然很看重传统媒体的单一表现形式。传统媒体在全媒体体系中始终占有非常重要的位置，是全媒体的有机组成部分。此外，全媒体的组合是系统有序的，强调对各种信息资源的统一发布。它通过统一平台，实现对所有信息资源的一次性无缝采集。

第三，开放性。全媒体传播的最终形态应是所有人对所有人的传播，这一方面需要全媒体内容数字化、渠道网络化，适应当下生活潮流；另一方面，需要表现形式多样化和操作使用人性化，适应当下受众碎片化的趋势，针对受众个体提供超细分服务。总之，全媒体能用更经济的眼光看待媒体间综合运用，以求实现投入最小、传播最优的效果。

全媒体具有独特的优越性。首先，可以尽可能地扩大受众覆盖面，提高信息的传播效率；其次，可以综合利用媒介资源，大幅度地降低传播成本；最后，多渠道传播可以提高媒体的抗风险能力，降低传播信息带来的风险。全媒体发展的目标，是为了让不同的媒介依据各自特点传递不同类型的信息，使受众接收的信息更加全面化，同时克服单一媒介传播渠道的缺陷。信息传播的多渠道和分众化，使信息可以满足不同的需求，个性化、针对性、可定制的内容被提供，受众的选择范围扩大，传播效果能够得到最大程度的发挥。

通过理解全媒体的概念及特征我们可以发现，要实现全媒体的目标，实现分众化和多渠道的信息传播，技术平台的支撑是基本条件。全媒体是技术发展的产物，从定义上去理解，全媒体技术类似于多媒体技术，它不是各种信息媒体的简单复合，而是一种把文本、图形、图像、动画和声音等形式的信息结合在一起，并通过计算机进行综合处理和控制，能支持完成一系列交互式操作的信息技术。全媒体技术有以下四个主要特点。

第一，平台性。所谓全媒体技术，不是简单地把技术组合在一起，而是整合了跨媒体技术资源、能够支撑全媒体所有形态的技术体系。它至少应该包括集中的媒资平台、覆盖全球的发布网络平台以及覆盖各种终端类型的服务平台。

第二，互动性。全媒体不再是传统的单向传播，传播中的互动性成了全媒体最重要的特点之一，媒体与媒体、媒体与用户以及用户与用户之间的互动是互动性的三个方面。

第三，融合性。融合不同的媒介载体形式、内容形式以及技术平台，最终实现各种媒体形态、各种传播手段的融合，这是全媒体技术融合性的体现。

第四，以用户为核心。用户的多元化、个性化需求是全媒体技术发展的最终目标，全媒体技术归根结底是服务于用户，这是它与传统传播方式的根本区别。

二、全媒体的常见业态

人类社会正处于信息全球化的时代，以传播媒介为核心的信息产业，成为这一时代的重要标志。在科技的驱动下，媒体产品跨越了国界，进入了每个人的生活。媒体产品不断流通，外来的媒体产品对本地产品的流通环节会产生影响。媒体的性质在随着时代变化，国际传播也应该打破原来以民族、国家为主体的国际传播规则，寻找新的实践方式，扩大传播的视野。内容打造方面应该尽量紧跟时代潮流，突出个性，并注重互动性。技术应用方面则应该顺应发展潮流，使用信息技术在传统媒体领域、新媒体领域不断创造、发展新的传播手段，打造新的媒体产品。我们在此列举几种媒体形态，这几种形态都包含于全媒体的范畴，并且有别于传统的媒体形态，如广播、电视、报纸、杂志等。

（一）网络媒体

网络媒体打破了传统传媒的界限，网络上的新闻都是多媒体新闻，它融合了文字、声音、图像、动画、视频等多种形式，打破了传统的文字媒介（报刊）、声音媒介（广播）和视觉媒介（电视）之间难以逾越的鸿沟。所谓多媒体，就是使计算机成为一种集合了多种媒体表现形式（如文字、声音、图片、动画、视频等）的媒介来传播信息。多媒体首先必须是数字媒体，数字媒体就是通过数字传递信息的媒体，如数字介质、数字电视、数字广播、网络媒体等都属于数字媒体。只有是数字媒体，才能"从一种媒介流动到另一种媒介"。网络媒体不仅可以表现出电视的功能，而且因其容量大、可检索等功能，使其多媒体特性显得更实用。

一个网络媒体实际上是三种媒体的综合体，这是网络媒体最独特、最别具特色的特性之一。传统媒体的特点在于单向传播，媒体和自己的受众之间是一种单向关系，一边只能说，一边只能听，交流的方式非常有限。而现在网络媒体的受众可以在同一时空同网络媒体和有关信息发布者或者媒体进行交流，甚至他们的这种交流可以成为网络媒体实时发布信息的一部分。网络媒体具有自下而上的交互性，传统纸质出版物是一种自上而下将信息传递给受众的媒体，交互性使网络媒体发展迅速，成为当今世界的主流。

在技术上，传统的信息技术为网络媒体的发展奠定了坚实的基础，而科技的发展永无止境。比如，Web 技术近些年吸引了很多人的眼球，HTML5 就是一个典型事例。当 HTML5 出现时，它就以一种惊人的速度被迅速推广，各种主流的浏览器也对 HTML5 表示欢迎，作为新标准，HTML5 将会使目前的 Web 前端技术迈向一个新台阶。

（二）手机媒体

现如今，手机的智能化以及 4G、5G 通信网络的建设，使一个全新的移动媒体时代慢慢展现出了雏形，手机的媒体功能正在显现，其为通信技术带来了更广阔的机会。

在智能手机媒体功能进化的同时，融合同样也在媒体领域发生着。今天的媒体越来越走向"平台中立"，互联网已经取代报纸等传统媒体成为人们获得新闻、搜索背景信息的首选媒体。今天，传统媒体中的先行者已经开始将同一篇新闻报道传至电脑、手机、报纸等各种不同的媒介上供读者阅读，这是一种典型的全媒体尝试。此外，融合还发生在受众身上。电脑、智能手机等新型媒介形式互动性更强，受众扮演了双重角色——既是新闻的消费者，又是贡献者。

正是由于移动技术的广泛应用，以往单向的、被动的信息流动已经变成交互、社会化、积极的流动。观众使用手机找到了与他们有共同兴趣的伙伴，可以分享他们的所见所闻。

这里还值得一提的是我国自主创新的移动多媒体广播电视（CMMB），其特点是通过卫星和无线数字广播电视网络，向小屏幕手持终端，如手机、掌上电脑、MP4、MID、数码相机、笔记本电脑及车、船上的小型接收终端点等，随时随地提供广播电视服务，搭建集视频、音频、图像、文字"四位一体"的"全媒体"系统。

（三）互动性电视媒体

互联网电视是一种利用宽带有线电视网，集互联网、多媒体、通信等多种技术于一体，向家庭互联网电视用户提供包括数字电视在内的多种交互式服务的崭新技术。互联网是一个开放的平台，而互联网电视是互联网视频的另一种呈现方式，在技术已经相对成熟的情况下，互联网电视机能够为用户提供的内容将会成为用户购买互联网电视机的重要驱动因素。未来互联网电视机的互联网应用将更加丰富，电视游戏、视频聊天、可视电话、电视交易等更多互联网化的功能将在互联网电视机上得以实现。

提到互联网电视，就不得不提 OTT。"OTT"这个词汇目前广泛地应用在通信领域，它指的是谷歌、苹果、Skype、Netlix 等利用其他运营商的宽带网发展自己的业务，以前的 Skype 和 QQ、现在的 Netflix 网络视频以及各种移动应用商店里的应用都是 OTT。不少 OTT 服务商直接面向用户提供服务和计费，使运营商沦为单纯的"传输管道"，根本无法触及管道中传输的巨大价值。OTT 是目前发展最快的应用方式，总体通信量的增长绝大多数源自 OTT 创新。在美国，收费视频 Netflix 的业务量占到了固网宽带接入峰值业务量的 30%，已有 22%的宽带家庭订购 Netflix，Netflix 已把业务扩展到拉美和加勒比海的 43 个国家，并准备从西班牙开始向欧洲推广。

在中国国内，越来越多的理论和应用将互联网电视和 OTT 联系在一起，提出了 OTT TV，即基于开放互联网的视频服务，终端可以是电视机、电脑、智能手机等。从消费者的角度讲，OTT TV 是满足消费者需求的集成互动功能的互联网电视。目前，不少厂商研发出了云电视，实际上也是把 OTT 与云计算结合在一起，为电视受众提供更好的服务。

（四）社会化媒体

社会化媒体这个概念已出现了多年，最近随着国外诸如 Facebook、Twitter 以及国内日渐红火的校内网、开心网等网络社区的崛起开始火热起来，这种给予用户极大参与空间的如博客、维基、播客、论坛、社交网络、内容社区等新型在线媒体吸引了越来越多人的关注。社会化媒体最大的特点是赋予了每个人创造并传播内容的能力。在社会化媒体出现之前，传统媒体掌握着内容制作设备和工具，其根据自己的编辑方针制作传播内容。随着网络和信息技术的出现，人们创造自己的图片、文字、视频和音频等内容变得越来越容易。人人都可以把与自己思想、经历有关的事情，以一定的表达方式，通过社会化媒体传播开来。

社会化媒体是一种给予用户极大参与空间的新型在线媒体，特征是：参与、公开、交流、对话、社区化、连通性。目前，最常见的社会化媒体包括六种基本形式：博客、百科、播客、论坛、社交网络和内容社区。社会化媒体的最显著特点就是其定义的模糊性、快速的创新性和各种技术的"融合"。随着新媒体技术的发展，社会化媒体的形式和特点也会随之变化。对于社会化媒体的定义也会有新的理解，但是无论怎样，社会化媒体最大的特点依然是赋予每个人创造并传播内容的能力。

在社会化媒体出现之后，随着传播手段的丰富，媒体与受众的互动增多，大众可以通过博客、播客、社区论坛等社会化媒体创造并传播内容。此外，社会化媒体使内容的生产者与接受者之间的界限变的模糊，也使他们之间的反馈交流更加快速。

（五）新型媒体

除了以上提到的网络媒体、手机媒体、互动电视媒体、社会化媒体，新媒体的形态还有很多种，其媒体形态并不是孤立存在的，而是由于一些特殊的需求而产生和存在的，在这里举几个例子。

车身、地铁、电梯、飞艇、楼宇广告。这些广告时效性强，并都具有一定移动性，给人深刻印象。这种广告成本较低，效果好，收益可观。此外，还有一些利用新的技术手段实现的媒体形式，如投影广告。这是最近几年才出现的一种户外广告形式，它根据光学成像原理，利用投影系统将客户的广告内容投放到户外大型建筑物、天空、云幕、烟幕、水幕等表面上，其品牌推广力极佳，并且它拥有新颖的媒体形式、动态的视觉效果，为媒体营销创造了很好的条件。此外，还有一种近年来才开始流行的营销手段：植入式广告。植入式广告是指将产品或品牌及其代表性的视觉符号甚至服务内容策略性地融入电影、电视剧或电视节目内容中，通过场景的再现，让观众对产品及品牌留下印象，继而达到营销的目的。

除了广告，新型媒体还有其他的表现形式，如公共交通电视、电子纸、基于物联网终端的视听内容等。所有的这些新型媒体都是在技术发展到一定阶段，结合个人或者集体的创意产生的，这些传播手段同样是全媒体传播重要的组成部分。

三、云计算带来的媒体技术变革

随着云时代的到来，人们越来越认识到云计算有关技术特点的优越性，各行各业逐渐出现基于云计算的技术革新，媒体行业也并不例外。

第一，基于云计算的分布式数据并行处理机制。

传统应用于计算机集群、分布式计算机集群和网格的数据并行处理系统都是基于"CPU 资源不足而共享"的假设之上。为获得 CPU 的处理能力，将数据移动过来，进行计算后返回计算结果。这种方式在实际应用时，大部分时间被消耗在数据传输过程中。而基于云计算的分布式高性能数据并行处理机制，使得数据能够永久性存储，尽可能地在同一个地点处理数据，数据在本地等待计算任务或查询，大大减少了数据传输时间的开销。

目前关于云计算已有了一些应用实例，如 Google File Systerm（GFS）、Amazon S3 存储云、SimpleDB 数据云、EC2 计算云和开源 Hadoop 系统等。MapReduce 和 Hadoop 及其基本的文件系统 GFS 和 HDFS 是专门为具有数据中心的计算机集群系统而设计的，它们使用集群信息将数据文件以数据块的形式存放，是具有中央控制主机节点的高耦合度系统，但这种方案对耦合松散的分布式环境使用效果并不好。而存储"云"可以弥补上述不足，且以文件为单位处理数据。

与传统的数据并行处理机制完全不同，该分布式高性能数据并行处理机制是基于高性能数据云的设计，存储云充分利用高性能广域网络，为大型数据集提供永久性存储服务，其通过分布式索引文件对分散的数据文件及其部分实施管理，且通过复制数据以确保数据的长久性，为并行计算机制创造条件；云计算用来执行用户所定义的并行计算函数，用数据流的处理形式对存储云所管理的数据进行处理。这就意味着用户所定义的计算函数能应用于任何存储云，管理数据集内的任何数据记录，并且对数据集的每个部分独立操作，从而提供一个自然的并行机制。这个高性能数据并行处理系统设计使得数据尽可能在同一个地点被频繁处理而无需移动。

媒体机构内部可以基于这种机制避免大量的音视频文件的迁移制作，降低内部制作网络的压力，缩短制作时间，提高节目生产效率。

第二，虚拟机技术。

虚拟机是服务器虚拟化，是云计算底层架构的重要基石。在服务器虚拟化中，虚拟化软件需要实现对硬件的抽象，资源的分配、调度和管理，虚拟机与宿主操作系统及多个虚拟机间的隔离等功能，目前典型的实现有 Citrix Xen、VMware ESX Server 和 Microsoft Hype-V 等。

虚拟操作系统模型是基于虚拟机运行的主机操作系统创建了一个虚拟层，用来虚拟主机的操作系统。在这个虚拟层之上，可以创建多个相互隔离的虚拟专用服务器（Virtual Private Server，VPS）。这些 VPS 可以以最大化的效率共享硬件、软件许可证以及管理资源，对其用户和应用程序来讲，每一个 VPS 均可独立进行重启并拥有自己的 Root 访问权限、用户、IP 地址、内存、过程、文件、应用程序、系统函数库以及配置文件。对于运行着多个应用程序和拥有实际数据的产品服务器来说，虚拟操作系统的虚拟机可以降低成本消耗和提高系统效率。

虚拟操作系统模式虚拟化解决方案同样能够满足一系列的需求：安全隔离、计算机资源的灵活性和控制、硬件抽象操作及最终高效、强大的管理功能；每一个 VPS 中的应用服务都是安全隔离的，且不受同一物理服务器上其他 VPS 的影响；专用的文件系统，使得文件浏览对所有 VPS 用户来说就如常规服务器一样，但却无法被该服务器上的其他 VPS 用户看到；能够实时分配、监控、计算并控制资源级别，完成对 CPU、内存、网络输入/输出、磁盘空间以及其他网络资源的灵活管理。

操作系统虚拟化技术解决了在单个物理服务器上部署多个生产应用服务和存储服务器时所面临的挑战。在应用服务部署完成之后，它们被集中于同一种操作系统以便于管理和维护。操作系统虚拟化是针对生产应用和服务器的完美虚拟化解决方案，共享的操作系统提供了更为有效的服务器资源并且大大降低了处理损耗。通过操作系统虚拟化，上百个 VPS 可以在单个的物理服务器上正常运行。

越来越多的媒体运用虚拟机技术提高了设备处理能力的利用率，逐步摆脱一台服务器只支持单一应用的模式，避免了资源的浪费，提升了制作和发布环节的整体处理能力。

第三，在云计算时代背景下媒体行业的转变。

云计算正在掀起一场媒介融合的革命，传播渠道空前丰富，各种媒介之间的界限在逐渐模糊，传播者与受传者的身份不再是一成不变的。

在美国，"坦帕新闻中心"将传统的报纸、电视台和网站整合为一体，采用开放式办公方式，所有媒体工作人员在一个圆桌上进行统一报道部署。Google 也紧跟步伐，成为最积极的云计算技术的使用者之一。Google 搜索引擎就建立在分布于二百多个站点、超过百万台的服务器群的支撑之上，而且这些设施的数量仍在迅猛增长。Google 成功研发了包括 Google 地图、Gmail、Docs、Google 地球等一系列应用平台。用户可以通过任何一个与互联网相连的终端访问和共享那些保存在互联网上某个位置的数据。现在，Google 已经允许了第三方在 Google App Engine 上运行大型应用程序。Google 值得让人尊敬的是，它早已以发表学术论文的形式公开了其云计算三大法宝：GFS、Ma-pReduce 和 Bigtable 的源代码，并在许多国家的高校开设了如何进行云计算编程的课程。2010 年 4 月，Google 正式公开了其云计算平台监控系统 Dapper 的实现技术，紧接着在 2011 年 1 月，Google 又正式公开 Megastore 分布式存储技术。同时，模仿者也应运而生，Hadoop 就是其中最受关注的开源项目。

美国新闻学会媒介研究中心主任 Andrew Nachison 将此趋势定义为"融合

媒介"，即"印刷的、音频的、视频的、互动性数字媒体组织之间的战略的、操作的、文化的联盟"。

我国业界针对当前的媒介变革，使用更多的词汇是"多媒体（或称全媒体）发展"，综合来看，有两种主要观点：一种观点从报道工作流程角度出发，认为多媒体化是指一种业务运作的整体模式与策略，即运用多种媒体手段和平台来构建大的报道体系。单一报道仍然可以是单媒体、单平台、单落点的，但是它们共同组成了统一的报道系统，报纸、广播、电视与网络是这个报道体系的共同组成部分。另一种观点从媒介组织结构角度出发，认为多媒体发展的前提是组织结构的调整和变革，大众媒介从各自独立经营转向多种媒介联合运作，尤其是在新闻信息采集发布上联合行动，能最大限度地减少人力、资金和设备的投入，降低新闻生产成本。而且，不同类型媒介的联合运作，能够对已经占有的媒介市场起保护作用。如报纸因为电视、网络媒介等竞争对手的出现市场不断被侵蚀，发行萎缩和广告销量下降在所难免，产品单一、单独运营的报社也很难应对市场变化。但在集中和融合的媒介集团中，不同的媒体可以通过生产流程的设计和控制实现资源重组，利用不同类型媒介的介质差异，在新闻信息传播上实现资源共享，化竞争为合作，最终联手做大区域市场。

2011 年 1 月 18 日,中国国际广播电台创办的中国国际广播电视网络台(简称 CIBN)正式成立。2011 年年底，CIBN 互联网电视、天地视频网正式上线，CIBN 富媒体广播在北京地区 24 小时滚动播出，标志着国际台全面进入新媒体领域。CIBN 作为一个全媒体机构，整合了传统广播、TV 端、PC 端、移动端、出版发行五大平台的优势，形成了统一的、多媒体、多平台联动的传播形态。同时，借助新兴技术平台，中国国际广播电台加强了传统业务内容建设和技术升级，推进广播、电视、出版、报纸等传统媒体数字化转型，加大向网络、手机媒体、移动终端、户外屏幕媒体等新媒体领域进军，通过采编、传播流程再造，打造完整媒体产业链，让丰富的传统媒体内容资源在新媒体技术平台上增值，使传统业务焕发新活力，达到传统媒体与新媒体之间的聚合与互动。在媒体产业走向内容海量化、高清互动化、体验个性化、终端多样化的过程中，如何充分利用云计算带来的技术革命，不断降低媒体网络的建设和管理成本，不断提高用户体验，最终达到更好的传播效果，是我们要重视的问题。

四、云计算在全媒体发展中的应用

（一）媒体云

1. 媒体云概述

媒体云基于云计算架构，通常应用于网络电视台，采用语音识别等技术对海量电视节目素材进行基于内容的片段化处理。它通过打精确标签，建立各个索引，把电视中播放的新闻节目素材转换成可专题化、可检索和易于管理的新媒体素材内容，并在网络电视上展示。用户可通过互联网平台、广播平台和移动平台上的任何终端，基于 Web 浏览器技术，搜索、点播网络电视台上精确主题化的电视内容。

网络电视台是三网融合的产物，也是三网融合中的一个呈现平台，是兼具了传统视频网站一切功能的新型媒体。而最近几年，云计算成了炙手可热的代名词，北京市还专门设立了"祥云工程"行动计划。它通过共享资源的虚拟化方式计算模式，使存储、软件、网络、计算等资源，以服务的方式按需提供。基于云计算的技术支撑体系对传统媒体素材内容进行处理就能够出现新的媒体形态，这也可以归纳为新媒体中的一类。

目前电视节目数量呈现快速增长的趋势，每天拥有数万条的电视新闻资讯素材，涵盖了人民生产和生活领域的各个方面，但传统电视媒体的收看方式具有不可回放、回看的缺点，使大量信息还没有充分发挥其效用就被迅速流失掉了，造成了难以估计的浪费。为了能将这个庞大的媒体资源加以利用，就需要能对电视节目素材进行及时的整理、标注和入库管理，并能够使用户按需准确地检索到。要实现上述目标，需要建立一整套切实可行的基于内容素材的新媒体检索解决方案。然而，由于对视频、音频内容进行处理的算法复杂度比较大，且对于各项运算资源的要求也较高，因此对电视节目的处理适合在云计算的平台上进行。

近年来，随着家庭网络的日益普及和互联网技术的发展，国内外的网络电视事业正在以日新月异的速度发展着，各大传统媒体纷纷开办起自己的网络电视。从 2009 年开始，网络电视的建设提上议事日程。

网络电视的内容资源主要来源于广播电视节目，它首先对素材内容进行加工整合，然后将其制作成高清或标清节目上传到网络，提供在线直播、点播、下载等服务。另外，网络电视还具备内容原创能力，能够自己生产制作新的节目。在功能和操作方面，网络电视台和电视台完全一致，提供多个频道，可任意更换节目，具有客户操作简单、效果直观、浏览方便等特点。

网络电视台的建设和开播是我国新兴媒体发展的一个重要里程碑，同时也是我国互联网文化建设的一件大事，是各电视台加快推进国内外传播能力建设的重要步骤。随着国内各大网络电视台的建设和开播，打造覆盖本地或本行业用户，支撑网络电视、手机电视、IPTV、移动电视等多终端业务，融多终端视频分发于一体的网络视频技术平台已不是难事。

2. 新媒体云平台

新媒体云平台采用云计算技术，由授权用户通过网关接入云门户，其中网关起到在不同体系结构或协议的网络之间进行互通的作用。"云"还包括负载均衡服务器和用户管理服务器，其中，负载均衡服务器是把大量的并发访问或数据流量分担到多台服务器上分别处理或者把单个重负载的运算分担到多台服务器设备上做并行处理，整个系统处理能力就能得到大幅度提高。而用户管理服务器，起到了用户管理、计费和安全认证等作用。"云"中还包括采用了虚拟化技术、分布式和并行计算来处理视音频素材内容的大量存储服务器和计算服务器。

"云"中每个计算节点，根据负载均衡服务器分配来的任务进行音视频处理计算，具体的过程如下。

（1）获得完整的视频素材片段，然后对内容切片，音视频分离。

（2）进行语音识别，得出文本信息，同时进行关键图像中文字的识别，提取文本信息，协助进行视频主题的判断。

（3）对上述提取出的文本进行纠错，形成主题标引信息。由于语音识别的准确率不能达到100%，需要进行人工校对，形成最终标引信息。

（4）基于语音识别的时间关键点进行视频主题的界定，然后对不同主题的视频素材进行切分打包，完成最终带有标签索引信息的音视频片段。

（5）由于用户终端的异构性，需要对上述加工后的内容进行转码以便适应各种网络和终端的需要，方便用户日后搜索和点播。

（6）转码生成的结果内容可以用现有的 CDN、CMS、VOD 等发布系统在网络上发布，第一时间实现海量视音频节目的颗粒化、片段化播出以及视频搜索服务。

对于海量的电视内容，传统的方式是采用人工进行剪辑，实现视频主题划分、剪切等操作，人力资本占用较高，处理效率较低。

而采用基于语音识别技术的新媒体云平台，网络电视台不再需要单独配备大量人员就能够实现对海量视音频内容进行批量的全流程自动化处理，实现精确的主题划分、打标签、建立索引，最终把处理好的新媒体内容提供给三网用户的各种终端进行搜索及点播。

基于语音识别的新媒体云平台所提供的不仅是一套高效的视音频素材内容智能处理解决方案，更是提供了一种先进的、智能的、自动化的新媒体素材内容服务模式。

在广电网、互联网、电信网"三网融合"的趋势下，广电企业不仅要实现海量内容资源存储和管理，还要整合视频素材、数据等多种信息资源，提供综合性信息服务，提高业务和运营支撑水平，这对存储容量、计算效率等提出了非常高的要求。

云计算有高可靠性、通用性、高可扩展性、按需服务、超大规模、虚拟化和价格低廉的特点，通过它可以实现软硬件资源共享、信息系统的动态部署和自动化管理，在降低成本的同时还能实现海量内容资源分布式计算和存储，这将有助于广电企业迅速提高自身信息化水平。云计算在"三网融合"及下一代广电网中的应用，将涉及软件开发、数据传输、数据存储、数据计算、数据再处理、网络协同等多个方面。

"三网融合"启动后，广电企业目前仍面临的问题是各地广电系统都有属于自己的独立网络，并且互不联通，但根据"三网融合"的最终要求，广电系统只有建立一张"统一的全国性网络"才能充分地整合资源，和电信展开竞争。重新建设统一的物理网络，成本巨大，周期漫长，不利于抢占先机。借助云计算技术，可以较为容易地将各地分散的小网组合成一张大网，将应用系统部署在地域分散的数据中心上，这些数据中心可以提供和分享计算资源，用户能够随时随地使用各种终端访问所需的应用，这种方式显著地降低了成本，提高了经济收益。

下一代网络服务核心是云计算，云计算的核心是云服务，能否将网络及相关资源尽快转向服务是不同网络下一代竞争的关键。在"三网融合"的背景下，借助云计算先进的技术，原本一些"敢想不敢做"的应用，都有可能变为现实，网络和传统行业之间的融合将更加紧密，一些新型的业务形态和商务模式将逐渐涌现出来，实现诸如远程教育、网络医疗会诊、股票信息、交通查询、精确广告投放等更多的应用。

（二）云安全

对于云计算的众多优点大家也许不会再有什么疑问，但是云计算也不是没有缺点，安全性就是一个备受争议的话题。作为云计算技术的一个分支，云安全技术通过大量服务器端统计分析和大量客户端参与来识别病毒木马，取得了巨大成功。云安全的核心思想与早在 2003 年就提出的反垃圾邮件网格非常接近。360 安全卫士、瑞星、卡巴斯基、江民、金山、趋势、McAfee、Symantec 等均推出了云安全的解决方案。数据安全性、私密性是阻碍用户选择云计算的最重要的原因之一，另一个重要原因是云计算的服务质量，这可以看成是一种广义的安全性。

1. 用户对云安全的需求

作为用户来讲，用户关心的是自己数据的安全性、完整性、可用性、私密性等。具体来说，主要体现在以下几个方面。

（1）对数据的访问需要进行权限控制。用户应该能够控制谁有权访问自己的数据，每次对数据进行访问时需要进行必要的用户认证与授权，并对用户的访问情况进行审计，在未来的管理中有据可查。

（2）用户数据在存储上的私密性。存储在云上的私密数据不能被其他人（包括服务提供商）查看或更改。

（3）用户数据在运行时的私密性。用户数据在运行时（加载到运行时系统内存）不会被其他人（包括服务提供商）查看或更改。

（4）用户数据在网络上传输的私密性。用户数据在云计算中心内部网络以及互联网上的传输过程中，不可被他人（包括服务提供商）查看、修改。

（5）数据的完整性。在任何时候，用户存储的数据都保持不变，不会随着时间的变化而发生任何损坏。

（6）数据的持久可用性。即使发生各种突发事件和灾难，用户也可以随时随地获得自己的相关数据。

（7）数据访问速度。对于较大的数据量，用户也能较快进行访问。

针对这些需求，目前都有安全技术手段可以进行解决，如表 3-4-1 所示。

表 3-4-1　对各种安全性需求的解决方案

安全性需求	对其他用户	对服务提供商
数据访问的权限控制	权限控制程序	权限控制程序
数据存储的私密性	存储隔离	存储加密、文件系统加密
数据运行时的私密性	虚拟机隔离，操作系统隔离	操作系统隔离
数据在网络上传输的私密性	传输层加密，如 HTTPS、SSL、VPN 等	网络加密
数据完整性	数据校验	
数据持久可用性	数据备份、数据镜像、分布式存储	
数据访问速度	高速网络、数据缓存、CDN	

目前的安全技术可以避免来自其他用户（不包括服务提供商）的安全威胁，但是对于服务提供商，要想从技术上完全杜绝安全威胁还是比较困难的，在这方面可能需要一些非技术手段去解决。

2. 安全风险

抛开云计算在安全方面以及其所面临的与传统互联网服务共性的安全问题，我们更应该关注的是云计算所引入的潜在的安全问题，也就是由于云计算本身的特点所带来的安全风险。总体来说，云计算所面临的特定安全风险主要包括以下三个方面。

（1）用户信息滥用与泄露风险

对用户来说最致命的无疑是关键隐私信息丢失或被窃取，用户的资料存储、处理、网络传输等都与云计算系统有关。如何实施有效的安全审计对数据及操作进行安全监控，如何保证云服务提供商内部安全管理和访问控制机制来符合客户的安全需求，如何避免多用户共存带来的潜在风险，都将成为云计算环境下所面临的安全挑战。

（2）服务可用性风险

用户的数据和业务流程依赖于云计算服务提供商所提供的服务，这对云平台 SLA 和 II 流程、安全策略、服务连续性、事件分析和处理能力等环节提出了挑战。同时，当发生系统故障，如何保证数据快速恢复也成为一个重要的安全问题。此外，云计算应用很容易成为各类攻击的对象，并且由攻击带来的后果和破坏性将会超过传统的应用环境。有部分安全事件就是由于云计算服务平台发生故障导致服务不可用所引起的。

（3）法律风险

云计算应用信息流动性大，地域性弱，用户数据可能分布在不同地区甚至不同的国家，在政府信息安全监管等方面可能存在法律差异。同时，由于虚拟化技术引起的用户间地域界限模糊而导致的司法取证问题也不易解决。

3. 多方面保障云安全

上述三大安全风险正是云计算应用在发展中需要着重解决的三个重要方

面。从技术角度看，传统的安全技术仍然适用于云计算应用的安全部署，只不过由于云计算的特点及所面临的安全风险，其对某些安全技术有特别需求，同时由于云计算引入虚拟化、分布式处理、在线软件技术并进行充分的发展，在这些新技术和新应用的安全保障上也需要针对其特定需求采取一些新的安全技术手段保障。而从非技术的角度来看，云计算应用自身的保护需要集中政府、企业乃至广大个人用户等多方力量共同应对：一方面，在国家政府层面制定完善相应法律法规，制定云计算服务标准和准入机制，扶持具备信息安全运营资质的服务提供商，提供具有知识产权或主导运营的服务，建立健全相应的审查保障机制；另一方面，在企业和广大用户层面加强云计算安全意识，普及安全知识，在"云"的接入端最大程度降低潜在的安全风险。

五、云计算在全媒体发展中的前景

随着云计算时代的到来，在媒体产业走向内容海量化、高清互动化、体验个性化、终端多样化的过程中，云计算带来的技术革命能够不断降低媒体网络的建设和管理成本，提高用户体验度，充分利用云计算的各种优势，最终提升媒体的社会效益和市场效益。

第一，云计算媒体发展中的应用前景。

（1）跨媒体海量内容的制作和存储：包括音频、视频、互联网和平面媒体等，专业媒体制作的内容和用户产生的内容。

（2）海量内容的加工和检索：包括如何找到用户需要的内容，如何实现内容的个性化推荐、定制广告等。如从视频中自动将音频提取并翻译成文本作为元数据供搜索使用，从足球比赛中自动整理出射球集锦等。

（3）互动视频对网络架构的冲击：高清、3D视频的单播对于网络的带宽需求巨大，传统集中建设方式已经越来越不能满足规模部署的要求。

（4）终端多样化的要求：面对电视、电脑、移动终端等多样化需求，如何提供统一的自适应的服务。

（5）投资收益：传统的 IPTV、VOD 系统都存在着增量不增收的压力，如何降低 TCO、如何挖掘用户价值至关重要。

在面临挑战的同时，媒体领域也存在重大的重构机会。利用云计算技术构建一个弹性的网络架构，可适应海量内容、个性体验、互动高清、丰富终端的要求。

采用先进的云计算技术来构建内容制播中心和内容分发网络是媒体技术发展的方向之一。内容制播中心包括云计算数据中心和媒体业务平台，可支撑海量的内容存储和用户行为分析。内容分发网络采用控制与承载分离架构，支持统一分发和智能调度，通过边缘存储来节省骨干带宽。

如 NETFLIX 为传统 DVD 租赁商，全面转型到在线视频，采用 Amazon Cloud＋Akamai CDN 的网络架构，大大提升了竞争力，不仅打败了传统 DVD 租赁商，还对传统 Cable 运营商 Comcast 造成了很大冲击。2012 年 6 月 4 日，据美国市场研究公司 IHS 测算，Netflix 在美国的在线电影收入超过苹果，市场份额达到 45%，苹果则从 61% 下滑至 32%。

第二，内容制播中心的云计算应用。

内容制播中心基于云建设数据中心提供统一的云平台，需要建立更为集中的数据中心，以软件即服务的方式提供给用户使用，这样可减少专业软件的采购数量，降低维护成本。由于复杂的计算和大量存储集中在云数据中心，用户终端通过网络访问相关服务，就使用户对其要求降低了，也避免了它频繁的升级。

最终，我们会基于云的数据中心构建一个应用与平台解耦的、资源按需取用的云平台，未来新的应用尤其计算存储密集型的应用都可以非常容易地在上面运行。

第三，内容分发网络的云计算应用。

由于视频业务属于带宽密集型业务，采用集中式的媒体服务器显然不合适，这时候需要一个分布式的媒体交换网络，在网络边缘含有热点内容的缓存，从而节省骨干宽带。

目前，CDN 通常采用控制与承载分离的架构，将媒体分发控制和媒体交换单元独立设置。媒体分发控制进行会话处理和用户行为分析，采用集中设置；媒体交换采用分层、分布式部署，尽量往边缘部署。

媒体分发控制属于计算密集型处理，可以直接部署到云数据中心，实现资源的共享和灵活扩容。会话处理能力的云化可以应对复杂多变的业务模型，应对阵发式的业务高峰；用户行为分析的云化可以提供快速实时的分析能力，通过对用户、内容和网络的感知，从而实现智能路由、个性化内容推荐。

媒体交换节点本身聚焦流化能力，通过硬件专业化可大大提升性能。从网络角度来看，媒体交换节点通过在边缘提供热点缓存能力，从而大大节省骨干带宽需求，同时由于其分布式部署特点，也非常容易实现对整个网络的灵活调整。

通过统一的内容分发网络可以实现业务和网络的整合。通过云计算、云存储、分布式媒体网络技术可以使业务系统的能力得到极大的扩展，从而很容易实现多个、多类业务系统的整合，这也是将来业务发展的必然趋势。放眼未来，对于媒体领域的云应用将会越来越多，如应用在信息系统、内容安全、数字版权等各个方面。应用云计算技术可以有效应对内容的海量增长、用户体验的革命性变化和终端的多样化的发展趋势，在全媒体的发展中发挥巨大的作用。

第五节　云计算技术在物联网设备中的应用

一、云计算的物联网

随着物联网相关技术的迅猛发展，人们越来越迫切地需要一个计算能力强大的支撑平台。云计算作为这样一个平台，正在帮助物联网实现信息的高效性、方便性以及快捷性。云计算与物联网的融合，正在推动企业商业模式产生新的变革与创新。

（一）物联网

物联网本身并不是新技术，而是在原有技术基础上的提升、汇总和融合。因此，物联网可以看作是一种融合发展的技术。物联网产业在自身发展的同时，也带来了庞大的产业集群效应。未来，物联网所创造并分享的数据将会给人们的工作和生活带来一场新的信息革命。

1. 物联网的概念

物联网，国内外普遍公认的是 MIT Auto-ID 中心凯文·艾什顿教授 1999 年在研究射频识别（Radio Frequency Identification，RFID）时最早提出的概念，当时被称为传感网（Sensor Network），其定义是：通过 RFID、红外感应器、全球定位系统、激光扫描器等信息传感设备，按约定的协议，把任意物品通过物联网域名连接，进行信息交换和通信，以实现智能化识别、定位、跟踪、监控和管理的一种网络概念。

2005 年 11 月 17 日，国际电信联盟（ITU）正式提出物联网的概念。在国际电信联盟发布的同名报告中，物联网的定义和范围已经发生了变化，覆盖范围有了较大的拓展，其不再只是指基于 RFID 技术的物联网，而是任何时刻、任何地点、任何物体之间的互联，无所不在的网络和无所不在计算的发展愿景，除 RFID 技术外，传感器技术、纳米技术、智能终端等技术将得到更加广泛的应用。

物联网，在中国也称为传感网，指的是将各种信息传感设备与互联网结合起来而形成的一个巨大网络，物联网是新一代信息技术的重要组成部分。顾名思义，物联网就是物物相连的互联网，这有两层意思：第一，物联网的核心和基础仍然是互联网，是在互联网基础上的延伸和扩展的网络；第二，其用户端延伸和扩展到了任意物品与物品之间，进行信息交换和通信，也就是物物相息。

物联网颠覆了人类之前将物理基础设施和 IT 基础设施截然分开的传统思

维，其将具有自我标识、感知和智能的物理实体基于通信技术有效连接在一起，使得政府管理、生产制造、社会管理，以及个人生活实现互联互通，成为继计算机、互联网之后，世界信息产业的第三次浪潮。

2. 物联网的体系架构

物联网的价值在于让物体也拥有了"智慧"，从而实现人与物、物与物之间的沟通。物联网的特征在于感知、互联和智能的叠加，因此，物联网由三个层次组成：感知层、网络层、应用层，如图 3-5-1 所示。

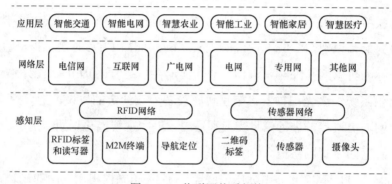

图 3-5-1　物联网体系架构

感知层是物联网的"皮肤"和"五官"——识别物体，采集信息。感知层包括二维码标签和识读器、RFID 标签和读写器、摄像头、GPS 等，主要作用是识别物体、采集信息，与人体结构中皮肤和五官的作用相似。

网络层是物联网的"神经中枢"和"大脑"——信息传递和处理。网络层包括通信与互联网的融合网络、网络管理中心和信息处理中心等。网络层将感知层获取的信息进行传递和处理，类似于人体结构中的神经中枢和大脑。

应用层是物联网的"社会分工"——与行业需求结合，实现广泛智能化。应用层物联网与行业专业技术的深度融合，与行业需求结合，实现行业智能化，这类似于人的社会分工，最终构成人类社会。

（二）云计算与物联网的关系

作为 IT 业界的两大焦点，虽然云计算与物联网两者之间区别较大，但它们之间却是密不可分的。

1. 物联网与云计算之间是应用与平台的关系

物联网是互联网通过传感网络向物理世界的延伸，它的最终目标就是对物理世界进行智能化管理，物联网的这一使命也决定了它必然要有一个计算平台作为支撑。云计算从本质上来说就是一个用于海量数据处理的计算平台，因此，云计算技术是物联网涵盖的技术范畴之一。随着物联网的发展，未来物联网将势必产生海量数据，而传统的硬件架构服务器将很难满足数据管理和处理要求。如果将云计算运用到物联网的传输层和应用层，采用云计算的物联网，将会在很大程度上提高运作效率。可以说，如果将物联网比作一台主机的话，云计算就是它的 CPU。

2. 云计算是物联网的核心平台

云计算作为物联网数据处理的核心平台，适于处理物联网中地域分散、数据海量、动态性和虚拟性强的应用场景。它能够促进物联网底层传感数据的共享，为分析与优化提供超计算能力，从而更高效地提供更可靠的服务。如果将物联网比喻为人体，那么传感器就如同感知器官，网络就如同神经系统，云计算就如同大脑。传感器所获得的物理世界的信息通过网络汇聚到"云"中，通过云计算提供的处理、存储和共享能力，进行有针对性的调优，再通过一定的反馈机制作用于物理世界，使其更加智慧而有效地运行。可见，物联网与云计算是相辅相成的。云计算为物联网提供了使其发挥效用的核心能力，物联网为云计算提供了宽广的舞台。

3. 云计算是互联网和物联网融合的纽带

云计算促进了物联网和互联网的智能融合。物联网和互联网的结合是更高层次的整合，需要"更透彻的感知，更安全的互联互通，更深入的智能化"，需要依靠高效的、动态的、可以大规模扩展的技术资源处理能力，而这正是云计算模式所擅长的。同时，云计算的交付模式是创新型、简化型的服务，其加强了物联网和互联网之间及其内部的互联互通，是实现新商业模式的快速创新、促进物联网和互联网的智能融合的有力手段。

（三）物联网云

1. 物联网云的概念与架构

物联网云是针对物联网应用的开发、测试、交付和运营所设计的云计算方案。除了具备动态交付、弹性扩展等云计算的基本特征外，物联网云还可以为物联网的各个层次提供帮助。物联网云可以为物联网应用提供海量的计算和存储资源，以及统一的数据存储格式和数据处理及分析手段。同时，物联网云还提供应用集成的接口，可以大大简化应用的交付过程，降低交付成本，建立一个由设备提供商、应用开发商、服务运营商和行业用户构成的生态系统，推动物联网产业的发展。

物联网云的体系架构主要包括物联网云的硬件虚拟化框架、感知设备、物联网应用中间件以及服务管理。各部分共同构成物联网应用平台，为物联网应用的运营管理人员和终端用户服务（见图 3-5-2）。

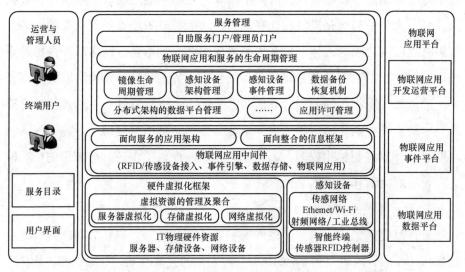

图 3-5-2　物联网云的体系架构

各部分的主要功能如下。

（1）硬件虚拟化框架

硬件虚拟化框架定义了云计算平台所管理的服务器、存储设备、网络设备等物理硬件资源及相应的虚拟化方法和技术，并将上述资源以虚拟化的方式交付给用户。

（2）感知设备

感知设备主要包括传感器、RFID、控制器等智能终端，以及实现终端互联互通的传感网络。感知设备通过网络接入云计算平台，并由物联网应用中间件对其进行管理。

（3）物联网应用中间件

物联网应用中间件主要实现终端设备接入、RFID/传感器事件管理、数据存储以及物联网应用等功能，它包含一系列相关的中间件产品。

（4）服务管理

服务管理主要包括物联网云的服务门户、物联网应用和服务的生命周期管理。除了对 IT 物理硬件和虚拟化资源进行管理之外，物联网云的服务管理还包括对感知设备的体系架构、事件以及分布式架构数据平台的管理。

2. 物联网云的使用模式

在物联网应用的产业链中，不同人群所面临的问题不同，对物联网云的功能需求也不相同。因此，物联网云为不同用户分别提供了相应的使用模式。

（1）物联网应用的开发/测试平台

对于物联网应用开发商而言，如何快速获得物联网应用的开发和测试环境是其提高生产效率的关键。因此，物联网云的虚拟化资源和物联网应用中间件，可以为物联网应用开发商快速提供所需的应用开发或测试环境以及应用基础平台，加速物联网应用的开发和测试周期，其使用流程如下。

① 云计算平台的管理员定义物联网应用开发或测试环境的模板，包括其所需的虚拟机环境以及需要部署的物联网应用中间件。

② 物联网应用开发商登录云计算平台，从物联网云的服务目录中选择所需的应用开发或测试环境。

③ 云计算平台对应用开发商所申请的开发或测试环境进行自动化部署

和配置，并将环境的访问信息返回给物联网应用开发商。

④ 物联网应用开发商将其终端设备接入云计算平台，并开始物联网应用的开发与测试。

（2）物联网应用的运营平台

物联网应用运营商希望在其基础平台上同时部署和运营多个物联网应用，从而利用应用的规模化效应来降低运营成本。其中，采用共享的终端设备接入和数据存储是其降低成本的重要方式。利用物联网应用的中间件，物联网云可以作为物联网设备的事件捕获和数据存储平台，以支持物联网应用的规模化运营，步骤如下。

① 云计算平台的管理员准备应用的事件捕获和数据存储平台，包括虚拟服务器和用于传感事件捕获或数据存储的中间件。

② 物联网应用运营商登录云计算平台，从物联网云的服务目录中选择所需的事件通道或数据存储服务。

③ 云计算平台对应用中间件进行自动部署和配置，准备其所需的事件通道或数据存储空间，并返回访问信息。

④ 物联网应用运营商将物联网应用的事件通道或数据存储指向云计算平台上的相应资源，从而使用云计算平台的资源支撑应用运行。

（3）物联网应用的在线应用平台

对于用户而言，快速获取符合自身业务要求的物联网应用是其主要需求。物联网云可以提供满足人员或资产定位、物流追溯、业务流程监控和优化以及数据分析等多种场景的物联网应用，其使用流程如下。

① 云计算平台的管理员定义物联网应用场景的模板，包括其所需的虚拟机环境、需要部署的应用中间件和典型应用。

② 物联网应用用户登录云计算平台，从物联网云的服务目录中选择自己所需的物联网应用场景。

③ 云计算平台对所申请的应用场景进行自动化部署和配置，并将应用的访问信息返回给物联网应用用户。

④ 物联网应用用户将其终端设备接入云计算平台，并开始物联网应用的使用。物联网云的出现使得物联网应用开发商快速获得其应用所需的开发或测试环境，从而专注于核心业务的研究，使得物联网应用运营商进行大规模的服务运营，降低服务成本。同时，使得更多用户能够在物联网云的平台上方便地获取所需的物联网应用，有助于物联网应用的广泛使用和推广。

对于整个物联网应用的产业链而言，物联网云不仅为物联网提供了坚实可靠的 IT 基础架构和方便快捷的物联网应用，使得物联网应用的大规模推广成为可能，更为重要的是，物联网云可以作为应用的孵化和交付平台，吸引更多的物联网应用开发商加入，从而使整个云计算平台上的物联网应用不断更新和丰富，促进产业的良性循环和发展。

除此之外，物联网应用还是高度智能化的应用，其复杂的应用环境、海量数据的存储和处理对 IT 基础设施资源的管理能力也提出了较高的要求。利用云计算平台，不仅可以快速部署应用所需的 IT 基础设施环境，还可以根据其应用负载的变化实现应用资源的调配。

以物联网应用中常用的数据采集服务器和数据统计与分析服务器为例，两者的业务特性决定其负载不同：数据采集服务器在工作时间较为繁忙，而数据统计与分析服务器则在非工作时间较为繁忙。如果采用传统的 IT 管理方式，则需同时配置两套处理能力相近的服务器环境，而物联网云则可以根据其工作负载的不同，实现资源的动态调配，从而降低 IT 基础设施的投入。因此，物联网云不仅是物联网应用大规模发展的必要前提，也是物联网应用向"智慧化"发展的技术基础。

二、云计算在物联网行业的应用

（一）智能电网云

随着智能电网技术的发展和全国性互连电网的形成，未来电力系统中的数据和信息将变得更加复杂，数据和信息量将呈几何级数增长，各类信息间的关联度也将更加紧密。同时，电力系统在线动态分析和控制所要求的计算能力也将大幅提高，当前电力系统的计算能力已难以适应新应用的需求，日益增长的数据量对电网公司信息系统的数据处理能力提出了新的要求。在这种情况下，电网企业已经不可能采用传统的投资方式，靠更换大量的计算设备和存储设备来解决问题，而是必须采用新技术，充分挖掘现有电力系统硬件设施的潜力，提高其适用性和利用率。

基于上述构想，可以将云计算引入电力系统，构建面向智能电网的云计算体系，形成电力系统的私有云——智能电网云。智能电网云充分利用电力系统自身的物理网络，整合现有的计算能力和存储资源，以满足日益增长的数据处理能力、电网实时控制和高级分析应用的计算需求。智能电网云以透明的方式向用户和电力系统应用提供各种服务，它是对虚拟化的计算和存储资源池进行动态部署、动态分配/重分配、实时监控的云计算系统，向用户或电力系统应用提供满足 QoS 要求的计算服务、数据存储服务及平台服务。智能电网云计算环境可以分为三个基本层次，即物理资源层、平台层和应用层。物理资源层包括各种计算资源和存储资源，整个物理资源层也可以作为一种服务向用户提供，即 IaaS。IaaS 向用户提供的不仅包括虚拟化的计算资源、存储，还要保证用户访问时的网络带宽等。

平台层是智能电网云计算环境中最关键的一层。作为连接上层应用和下层资源的纽带，其功能是屏蔽物理资源层中各种分布资源的异质特性并对它们进行有效管理，以向应用层提供一致、透明的接口。

作为整个智能电网云计算系统的核心层，平台层主要包括智能电网高级应用，实时控制程序设计，开发环境、海量数据的存储管理系统，海量数据的文件系统及实现智能电网云计算的其他系统管理工具，如智能电网云计算系统中资源的部署、分配、监控管理、安全管理、分布式并发控制等。平台层主要为应用程序开发者设计，开发者不用担心应用运行时所需要的资源，平台层提供应用程序运行及维护所需要的一切平台资源。平台层体现了平台即服务，即 PaaS。

应用层是用户需求的具体体现，是通过各种工具和环境开发的特定智能电网应用系统。它面向用户提供软件应用服务及用户交互接口等，即 SaaS。

在智能电网云计算环境中，资源负载在不同时间的差别可能很大，而智能电网应用服务数量的巨大导致出现故障的概率也随之增长，资源状态总是处于不断变化中。此外，由于资源的所有权也是分散的，各级电网都拥有一定的计算资源和存储资源，不同的资源提供者可以按各自的需要对资源施加不同的约束，从而导致整个环境很难采用统一的管理策略。因此，若采用集中式的体系结构，即在整个智能电网云环境中只设置一个资源管理系统，那么很容易造成瓶颈并导致单故障点，从而使整个环境在可伸缩性、可靠性和灵活性方面都存在一定的问题，这对于大规模的智能电网云计算环境并不适合。

解决此问题的思路是引入分布式的资源管理体系结构，采用域模型。采用该模型后，整个智能电网云计算分为两级：第一级是若干逻辑上的单元，我们称其为管理域。它是由某级电网拥有的若干资源，如高性能计算机、海量数据库等构成的一个自治系统，每个管理域都拥有自己的本地资源管理系统，负责管理本域内的各种资源。第二级则是这些管理域相互连接而构成的整个智能电网云计算环境。

管理域代表了集中式资源管理的最大范围和分布式资源管理的基本单位，体现了两种机制的良好融合。每个域范围内的本地资源管理系统集中组织和管理该域内的资源信息，保证在域内的系统行为和管理策略是一致的。多个管理域通过相互协作以服务的形式提供可供整个智能电网云计算环境中的资源使用者访问的全部资源，每个域内的内部结构对资源使用者而言都是透明的。

云计算是分布式计算、并行计算和效用计算等传统计算机和网络技术发展融合的产物，是基于互联网的计算，能够向各网络应用提供硬件服务、基础架构服务、平台服务、软件服务、存储服务的系统。智能电网将先进的网络通信技术、信息处理技术和现代电网技术进行融合，代表未来电力工业的发展趋势。因此，将云计算技术引入智能电网领域、充分挖掘现有电力系统计算能力和存储设施，以提高其适用性和利用率，无疑具有极其重要的研究价值和意义。

尽管智能电网云概念的提出较好地利用了电力系统现有的硬件资源，但在解决资源调度可靠性及域间交互等方面的问题时，仍面临许多挑战。对这些问题进行广泛深入的研究，无疑会对智能电网云计算技术的发展产生深远的影响。

（二）智能交通云

交通信息服务是智能交通系统建设的重点内容，目前我国省会级城市交通信息服务系统的基础建设已初步形成，但普遍面临着整合利用交通信息来服务于交通管理和出行者的问题。如何对海量的交通信息进行处理、分析、挖掘和利用，将是未来交通信息服务的关键问题，而云计算技术以其自动化IT 资源调度、快速部署及优异的扩展性等优势，将成为解决这一问题的重要技术手段。

1. 交通数据的特点

（1）数据量大。交通服务要提供全面的路况，需组成多维、立体的交通综合监测网络，实现对城市道路交通状况、交通流信息、交通违法行为等的全面监测，特别是在交通高峰期需要采集、处理及分析大量的实时监测数据。

（2）应用负载波动大。随着城市机动车数量的不断增加，城市道路交通状况日趋复杂，交通流呈现随时间变化大、区域关联性强的特点，需要根据实时的交通流数据及时、全面地采集、处理和分析。

（3）信息实时处理要求高。市民对公众出行服务的主要需求之一就是对交通信息发布的时效性要求高，需将准确的信息及时提供给不同需求的主体。

（4）有数据共享需求。交通行业信息资源的全面整合与共享是智能交通系统高效运行的基本前提，智能交通相关子系统的信息处理、决策分析和信息服务是建立在全面、准确、及时的信息资源基础之上的。

（5）有高可用性、高稳定性要求。交通数据需面向政府、社会和公众提供交通服务，为出行者提供安全、畅通、高品质的行程服务，对智能交通手段进行充分利用，以保障交通运输的高安全、高时效和高准确性，势必要求ITS应用系统具有高可用性和高稳定性。

如果交通数据系统采用烟囱式系统建设方式，将产生建设成本较高、建设周期较长、管理效率较低、管理人员工作量繁重等问题。随着ITS应用的发展，服务器规模日益庞大，将带来高能耗、数据中心空间紧张、服务器利用率低或者利用率不均衡等状况，造成资源浪费，还会导致IT基础架构对业务需求反应不够灵敏，不能有效地调配系统资源适应业务需求等问题。

云计算通过虚拟化等技术，整合服务器、存储、网络等硬件资源，优化系统资源配置比例，实现应用的灵活性，同时提升资源利用率，降低总能耗和运维成本。因此，在智能交通系统中引入云计算有助于系统的实施。

2. 交通数据中心云计算化

交通云专网中的智能交通数据中心的主要任务是为智能交通各个业务系统提供数据接收、存储、处理、交换、分析等服务，不同的业务系统随着交通数据流的压力而使应用负载波动大，智能交通数据交换平台中的各子系统也会有相应的波动，为了提高智能交通数据中心硬件资源的利用率，并保障系统的高可用性及稳定性，可在智能交通数据中心采用私有基础设施云平台。交通私有云平台主要提供以下功能。

（1）提供服务器、存储设备虚拟化服务。

（2）查看虚拟资源使用状况及远程控制（如远程启动、关闭等）。

（3）统计和计量。

（4）服务品质协议（SLA）服务，如可靠性、负载均衡、数据备份等。

（三）智慧农业云

智慧农业云计算的目的是结合部署在农作物产区内的智能传感器、图像采集器、远程控制器等物联网设备，实现对农业生产过程的标准化、自动化、精准化管理。在全面提升农业生产效率的同时，农业云还借助 RFID、条形码、二维码等身份识别技术，将农业生产环节、加工环节与流通环节无缝连接，真正实现农产品"从田间到餐桌"的全程溯源，在农村与城市之间架起一座桥梁，让人们的生活更加美好。

1. 智慧农业云的功能

（1）农业物联网管控

农业物联网是通过各种仪器仪表实时显示或作为自动控制的参变量参与到自动控制中，保证农作物有一个良好的、适宜的生长环境。通过远程控制，技术人员在办公室就能对多个大棚的环境进行监测控制。它采用无线网络来测量获得农作物生长的最佳条件，可以为温室精准调控提供科学依据，达到增产、改善品质、调节生长周期、提高经济效益、科学管理和即时服务的目的，进而实现集约、高产、高效、优质、生态和安全的目标。

① 温室环境智能控制系统。通过物联网技术监控农业生产环境参数，如土壤湿度、土壤养分、pH、降水量、温度、空气湿度和气压、光照强度、CO_2浓度等。

② 物联网智能灌溉系统。采用高性能的数据采集与监控设备制定实时的灌溉及施肥策略，利用自动化的控制手段进行管理，实现灌溉的自动化管理。

③ 节能灌溉系统。农业节水灌溉工程是以最低限度的用水量来获取最大的产量或收益，最大限度地提高单位灌溉水量的农作物的产量和产值。

④ 节能一体化。通过操作触摸屏进行管控，自动控制灌溉量、吸肥量、肥液浓度及酸碱度等参数，实现对灌溉和施肥的定时、定量控制，加强全方位的水肥管理。

⑤ 生产可视化。通过在田间安装监测、遥感视频系统、无线视频服务器，可将视频信息传至控制中心。

（2）安全追溯

农产品追溯系统是应用标识技术，对农产品的生产、加工、流通和检测等环节实施全程监管的系统，可通过条形码或二维码等代码防伪溯源，能够提供产品从源头到末端的完整原始数据或视频信息，帮助企业实现标准化生产的透明、安全，全程可追溯。

① 有机农产品的质量溯源。

② 农产品追溯管理系统。

③ 数据检测多渠道信息查询。

（3）农事管理

农事管理系统依托云计算、物联网、移动互联网等新技术，致力于在农业领域推进传统产业信息化建设。它为农场提供从农业设施资源规划、日常农事管理、农作物生长监控到"绿色履历"追溯的全程解决方案。通过各种传感器采集农作物种植生产过程中的环境信息，再通过物联网技术将环境信息实时传输到农事管理系统，并通过大数据分析技术，得出对当前环境状况的评价和建议，方便管理人员及时采取相应措施。

① 种植管理。提供在线的种植标准、种植计划、农事记录服务，支持农事信息在线录入，所有撒药、施肥等农事信息都有记录可查。

② 农资管理。农场生产资料采购、领取、使用，在线记录实时更新，让库存更透明，让生产更高效。

③ 销售管理。提供订单管理、物流跟踪、现有库存预警等信息管理服务，让生产与销售更紧密、高效、透明。

④ 统计分析。统计分析提供生产数据、财务数据等方面的查询分析，为管理者提供决策的数据支持，比如蔬菜种植产量、种植面积、可采产量、财务数据等方面的数据支撑。

⑤ 绿色溯源。通过扫描二维码，将生产过程中的各种关键数据直观地展

示给消费者，提供质量安全溯源的工具，为生产的每一份农产品建立质量安全和流通过程档案。

2. 智慧农业云的特点

（1）精准化。利用无线传感网络、卫星定位、RFID 等物联网感知技术，精确获取农业生产情况、生态环境等海量数据，并借助自动化控制技术减少现场手工操作、节省劳动力和提高劳动生产率。

（2）标准化。依托农业科研机构，整合农业专家资源，推广业界最佳实践经验，指导农产品标准化生产，提高集约经营水平；降低传统生产过程的随意性与盲目性，提升农产品的品质与安全。

（3）便捷化。利用云计算技术、平台，统一采用软件即服务模式（SaaS）运营，数据集中到公共云数据中心统一处理，生产现场无需部署任何电脑设备；同时结合按需付费模式，让农业工作者使用系统就像使用水、电一样方便。

（4）易用化。利用移动互联网技术，提供电脑、手机、平板三屏合一的使用体验，生产第一线的农技管理人员可以完全摆脱电脑，只需要通过手机就可以完成全部操作，方便易用。

（四）智慧物流云

智慧物流利用 GPS 全球定位、3G 技术、RFID、互联网等多种 IT 核心技术，运用 SaaS 技术提供全套成熟的物流软件服务，把所有物流企业、物流信息（车、货、路、人、仓储）汇总到一个平台上（简称物流云），然后进行集中分析，对车、货、路、人、仓储进行科学排序和合理调度使用，减少空载率、节约仓储费用、降低物流成本，从而提高物流效益。物流云系统的组成，如图 3-5-3 所示。

智慧物流云平台主要功能如下。

（1）降低物流成本，提高企业利润

智慧物流云能大大降低制造业、物流业等各行业的成本，实打实地提高企业利润，使生产商、批发商、零售商三方相互协作、信息共享，物流企业便能更节省成本。其关键技术诸如物体标识及标识追踪、无线定位等新型信息技术应用，能够有效地实现物流的智能调度管理、整合物流核心业务流程，加强物流管理的合理化，降低物流消耗，从而降低物流成本，减少流通费用，增加利润。

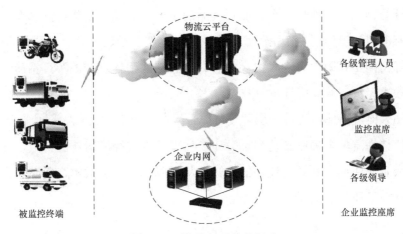

图 3-5-3　物流云系统的组成

（2）加速物流产业的发展，成为物流业的信息技术支撑

智慧物流云的建设将加速当地物流产业的发展，集仓储、运输、配送、信息服务等多功能于一体，打破行业限制，协调部门利益，实现集约化高效经营，优化社会物流资源配置。同时，它将物流企业整合在一起，将过去分散于多处的物流资源进行集中处理，发挥整体优势和规模优势，实现传统物流企业的现代化、专业化和互补性。此外，这些企业还可以共享基础设施、配套服务和信息，降低运营成本和费用支出，获得规模效益。

（3）为企业生产、采购和销售系统的智能融合打基础

随着 RFID 技术与传感器网络的普及，物与物的互联互通，企业的物流系统、生产系统、采购系统与销售系统开始逐步进行智能融合，而网络的融合必将产生智慧生产与智慧供应链的融合，企业物流完全智慧地融入企业经营之中，打破工序、流程界限，打造智慧企业。

（4）使消费者节约成本，轻松、放心购物

智慧物流通过提供货物源头自助查询和跟踪等多种服务，尤其是对食品类货物的源头查询，能够让消费者买得放心、吃得放心，增强消费者的购买信心，促进消费，最终对整体市场产生良性影响。

（5）提高政府部门的工作效率，有助于政治体制改革

智慧物流可全方位、全程监管食品的生产、运输、销售，大大减轻了相关政府部门的工作压力，使监管更彻底、更透明。通过计算机和网络的应用，政府部门的工作效率将大大提高，有助于我国政治体制的改革、精简政府机构、裁汰冗员，从而降低政府开支。

（6）促进当地经济进一步发展，提升综合竞争力

智慧物流集多种服务功能于一体，体现了现代经济运作的特点，即信息流与物质流快速、高效、通畅的运转，从而降低了社会成本，提高了生产效率，整合了社会资源。

第四章　大数据技术分析研究

随着移动互联网、物联网、通信技术的蓬勃发展，网络数据信息量呈指数式增长，大数据时代已经来临。本章为大数据技术分析研究，介绍了大数据加密技术、大数据存储技术分析、大数据传输安全分析。

第一节　大数据加密技术

一、大数据面临的安全挑战

在大数据时代，由于各种大数据系统发展变化快、应用场景广，大数据安全面临诸多严峻威胁和挑战，主要体现在大数据技术和平台的安全、个人信息保护等方面。

（一）大数据技术和平台的安全

伴随着大数据的飞速发展，各种大数据技术层出不穷，新的技术架构、支撑平台和大数据软件不断涌现，大数据安全技术和平台发展也面临着新的挑战。

1. 传统安全措施难以适配

大数据的海量、多源、异构等特征，导致其与传统封闭环境下的数据应用安全环境有很大区别。

首先，大数据的整体技术架构要复杂得多。大数据应用一般采用底层复杂、开放的分布式计算和存储架构，为其提供海量数据的分布式存储和高效计算服务。这种技术架构使得大数据应用的系统边界变得模糊，传统基于边界的安全保护措施难以发挥作用。如在大数据系统中，数据一般都是分布式存储，数据可能动态分散在很多个不同的存储设备，甚至是不同的物理地点，这就导致难以准确划定传统意义上的每个数据集的"边界"，传统的基于网关模式的防护手段也就失去了安全防护效果。

其次，大数据系统表现为系统的系统（System of System），其分布式计算安全问题也将显得更加突出。在分布式计算环境下，计算涉及的软件和硬件较多，任何一点遭遇故障或攻击，都可能导致整体安全出现问题。攻击者也可以从防护能力最弱的节点进行突破，通过破坏计算节点、篡改传输数据和渗透攻击，最终达到破坏或控制整个分布式系统的目的。传统基于单点的认证鉴别、访问控制和安全审计的手段将面临巨大的挑战。

此外，传统的安全检测技术能够将大量的日志数据集中到一起，进行整体性安全分析，试图从中发现安全事件。然而，这些安全检测技术往往存在误报过多的问题。随着大数据系统建设，日志数据规模增大，数据的种类将更加丰富，过多的误判会造成安全检测系统失效，降低安全检测能力。因此，在大数据环境下，大数据安全审计检测方面也面临着巨大的挑战。随着大数据技术的应用，为了保证大数据安全，需要进一步提高安全检测技术能力，提升安全检测技术在大数据时代的适用性。

2. 平台安全机制严重不足

现有大数据应用多采用开源的大数据管理平台和技术，如基于 Hadoop 生态架构的 HBase/Hive、Cassandra/Spark、MongoDB 等。这些平台和技术在设计之初，大部分基于在可信的内部网络中使用，对大数据应用用户的身份鉴别、授权访问以及安全审计等安全功能需求考虑较少。近年来，随着更新发展，这些软件通过调用外部安全组件、修补安全补丁的方式逐步增加了一些安全措施，如调用外部 Kerberos 身份鉴别组件、扩展访问控制管理能力、允许使用存储加密以及增加安全审计功能等。即便如此，大部分大数据软件围绕大容量、高速率的数据处理功能开发，仍然缺乏原生的安全特性，在整体安全规划方面考虑不足，甚至没有良好的安全实现。

同时，在大数据系统建设过程中，现有的基础软件和应用多采用第三方开源组件。这些开源系统本身功能复杂、模块众多、复杂性很高，因此对使用人员的技术要求较高，稍有不慎，可能导致系统崩溃或数据丢失。在开源软件开发和维护过程中，由于软件管理松散、开发人员混杂，软件在发布前几乎都没有经过权威和严格的安全测试，大都缺乏有效的漏洞管理和恶意后门防范能力。

最后，随着物联网技术的快速发展，当前设备连接和数据规模都达到了前所未有的程度，不仅手机、电脑、电视机等传统信息化设备已连入网络，汽车、家用电器和工厂设备、基础设施等也将逐步成为互联网的终端。而在这些新终端的安全防护上，现有的安全防护体系尚不成熟，有效的安全手段还不多，亟需研发和应用更好的安全保护机制。

3. 应用访问控制愈加困难

大数据应用的特点之一是数据类型复杂、应用范围广泛，它通常要为来自不同组织或部门、不同身份与目的的用户提供服务。因而随着大数据应用的发展，其在应用访问控制方面也面临着巨大的挑战。

首先是用户身份鉴别。大数据只有经过开放和流动，才能创造出更大的价值。目前，政府部门、央企及其他重要单位的数据正在逐步放开，或放开给组织内部不同部门使用，或放开给不同政府部门和上级监管部门，或者放开给定向企业和社会公众使用。数据的放开共享意味着会有更多的用户可以访问数据，大量的用户以及复杂的共享应用环境使得大数据系统需要更准确地识别和鉴别用户身份，传统的基于集中数据存储的用户身份鉴别已难以满足安全需求。

其次是用户访问控制。目前常见的用户访问控制是基于用户身份或角色进行的，而在大数据应用场景中，由于存在大量未知的用户和数据，预先设置角色及权限十分困难。即使可以事先对用户权限分类，但由于用户角色众多，难以精细化和细粒度地控制每个角色的实际权限，无法准确为每个用户指定其可以访问的数据范围。

最后是用户数据安全审计和追踪溯源。针对大数据量的细粒度数据审计能力不足，用户访问控制策略需要创新。当前常见的操作系统审计、网络审计、日志审计等软件在审计力度上较粗，不能完全满足复杂大数据应用场景下审计多种数据源日志的需求，尚难以达到良好的溯源效果。

4. 基础密码技术亟待突破

在大数据发展之中，数据处理环境和相关角色与传统的数据处理有很大的不同，如在大数据应用中，常常使用云计算、分布式等环境来处理数据，相关角色主要是数据所有者、应用服务提供者等。在这种情况下，数据可能被云服务提供商或其他非数据所有者访问和处理，他们甚至能够删除和篡改数据，这给数据的保密性和完整性保护方面带来了极大的安全风险。

密码技术是信息安全技术的基石，也是实现大数据安全保护与共享的基础。面对日益发展的云计算和大数据应用，现有密码算法在适用场景、计算效率以及密钥管理等方面存在明显不足。为此，针对数据权益保护、多方计算、访问控制、可追溯性等多方面的安全需求，近年来研发了大量的用于大数据安全保护的密码技术，包括同态加密算法、完整性校验、密文搜索和密文数据去重等，以及相关算法和机制的高效实现技术。为更好地保护大数据，这些基础密码技术也亟待突破。

（二）数据安全和个人信息保护

大数据中包含了大量的数据，也蕴含了巨大的价值。所以，数据安全和个人信息保护是大数据应用和发展过程中面临的重大挑战。

1. 数据安全保护难度加大

大数据拥有大量的数据，从而更容易成为网络攻击的对象。近年来，邮箱账号、社保信息、银行卡号等数据大量被窃的安全事件也频繁爆出。分布式的系统部署、开放的网络环境、复杂的数据应用和众多的用户访问，都使得大数据在保密性、完整性、可用性等方面面临更大的挑战。

要对数据进行安全防护，应当围绕数据的采集、传输、存储、处理、交换、销毁等生命周期阶段进行。针对不同阶段的不同特点，应当采取适合该阶段的安全技术进行保护。如在数据存储阶段，大数据应用中的数据类型包括结构化、半结构化和非结构化数据，且半结构化和非结构化数据占据相当大的比例。因此，在存储大数据时，不仅仅要正确使用关系型数据库已有的安全机制，还应当为半结构化和非结构化数据存储设计安全的存储保护机制。

2. 个人信息泄露风险加剧

由于大数据系统中普遍存在大量的个人信息，在发生数据滥用、内部偷窃、网络攻击等安全事件时，常常伴随着个人信息泄露的情况。而且，随着数据挖掘、机器学习、人工智能等技术的研究和应用，人们的大数据分析能力越来越强大。由于海量数据本身就蕴藏着价值，在对大数据中多源数据进行综合分析时，分析人员更容易通过关联分析挖掘出更多的个人信息，从而进一步加剧了个人信息泄露的风险。在大数据时代，要对数据进行安全保护，既要注意防止因数据丢失而直接导致的个人信息泄露，也要注意防止因挖掘分析而间接导致的个人信息泄露，这种综合保护需求带来的安全挑战是巨大的。

在大数据时代，不能禁止外部人员挖掘公开、半公开信息，即使想限制数据共享对象、合作伙伴挖掘共享的信息，也很难做到。目前，各社交网站均不同程度地开放其所产生的实时数据，其中既可能包括商务、业务数据，也可能包括个人信息。市场上已经出现了许多监测数据的数据分析机构，这些机构通过数据挖掘，并与历史数据对比分析，以及对通过其他手段得到的公开、私有数据进行综合挖掘分析，可能得到非常多的新信息，如分析某个地区的经济趋势、某种流行病的医学分析，甚至直接分析出某具体个人信息。因此，在大数据环境下，对个人信息的保护将面临极大的挑战。

3. 数据真实性保障更困难

在当前的万物互联时代，数据的来源非常广泛，各种非结构化数据、半结构化数据与结构化数据混杂在一起。数据采集者将不得不接受的现实是：要收集的信息太多，甚至很多数据不是来自第一手收集，而是经过多次转手之后收集到的。

从来源上看，大数据系统中的数据可能来源于各种传感器、主动上传者以及公开网站。除了可信的数据来源外，也存在大量不可信的数据来源。甚至有些攻击者会故意伪造数据，企图误导数据分析结果。因此，对数据真实性的确认、来源验证等需求非常迫切，数据真实性保障面临的挑战更加严峻。

事实上，基于采集终端性能限制、鉴别技术不足、信息量有限、来源种类繁杂等原因，对所有数据进行真实性验证存在很大的困难。收集者无法验证到手的数据是否是原始数据，甚至无法确认数据是否被篡改、伪造。那么产生的一个问题是，依赖于大数据进行的应用得到的结果很可能就是错误的。因此，在大数据环境下，对数据真实性保障面临巨大的挑战。

二、大数据加密

（一）数据加密技术种类

信息数据加密技术种类繁多，用户可以根据需求选择使用不同种类的信息加密技术。例如，对于较为私密的个人信息，可以使用 DES、AES 等加密算法做信息数据加密处理。这些加密算法具有加密效率高的特点，常常用来对个人私密信息数据加密，但其存在密钥管理与分发复杂、安全性不够高等缺点，因此不常用于商业机密加密处理中。为了满足一些行业对特殊信息数据加密的需求，RSA、ECC 算法被应用起来，但这些非对称加密算法在应用中存在加密与解密时间长、速度慢等缺点，因此其常常应用于对少量数据做加密处理中。HDFS 加密算法结合了上述两种类型的数据加密算法优势，不仅适用于批量数据加密，且安全性有极大保障，但其仍存在信息数据处理复杂的缺点，需要对加密数据进行解密、再加密等操作，花费时间较长。

（二）OFB 方式

OFB（Output Feedback Mode）方式的基本思路是在分组加密系统中引入了序列密码加密机制，它用迭代的方法将原来的密钥扩展成为一个与明文等长的密钥序列。这种方式产生了一个密钥准备时间的开销，减少了实际加解密操作时的开销，因此其效率随密钥使用次数的增加而提高。

OFB 首先产生一个 64 位的 IV，称为 b_0，然后用主密钥对其进行加密而产生 b_1，用主密钥对 b_1 加密产生 b_1，依此类推，产生出加密所需的伪随机数流 b_0、b_1、b_2、$\cdots$、b_n（长度大于等于明文的长度，如果大于则明文尾部加填充）。IV 随密文一起传送，在接收方对应生成同样的伪随机数流，用以进行解密。即令密钥为 k，有：

$$C_i = P_i \oplus s_i, \quad P_i = C_i \oplus S_i$$
$$S_i = E_k(s_{i-1}), \quad S_0 = E_k(IV)$$

在使用中，如对于 DES，明文块的长度为 64 比特，但三重 DES 的密钥为 112 比特，三密钥 DES 的密钥为 168 比特，均大于明文块的长度。因此在生成 s_i 时，取密钥最左边的 64 比特参与计算，然后将密钥循环左移 64 位，这样在生成 S_{i+1} 时使用的是密钥中接上次之后的再 64 比特，依此类推。这种方法称为 k 位-OFB 方式，其中 k 是密钥中参与计算的比特数。

由于分组加密要凑满一个分组之后才能加密传输，而 OFB 所使用的这些伪随机数序列可预先生成，做到比特流随到随加密（解密），因此实际使用时的运算速度快。另外，OFB 方没有误码扩散，适用于传输信息长度变化较大的数据，如语音、图像等。OFB 方法存在一个被伪造内容的威胁，例如，如果攻击者掌握了一对明文 C 和密文 P，他可使用 C⊕P 来使接收者不能识别伪造的 P_f。具体的，攻击者产生：

$$C_f = C \oplus P \oplus P_f$$

而接收者的接收为：

$$P = C_f \oplus S = C \oplus P \oplus P_f \oplus S = P \oplus P \oplus P_f = P_f$$

即接收者以为拿到的是 P，而实际接收的是 P_f。

（三）CFB 方式

CFB（Cipher Feedback Mode）与 OFB 非常相似，它在密钥扩展过程中采用了 CBC 的理念，让扩展的密钥与密文发生关联，从而避免了 OFB 存在的问题，但也导致密钥扩展不能事先进行，要在加解密的过程中动态进行，因此处理效率要比 OFB 低。令密钥为 k，则 CFB 的处理方法为：

$$C_i = P_i \oplus S_i, \quad P_i = C_i \oplus S_i$$

$$S_i = E_k(C_{i-1}), \quad S_0 = E_k(IV)$$

类似于 CBC，CFB 也有误码扩散现象，一个密文的差错会影响后面 $64/(k-1)$ 个分组。

（四）ECB 方式

ECB（Electronic Code Book）方式是多个 64 比特块加密的最简单形式。它将明文按 64 比特块进行划分，并分别加密。最后一块若不足 64 比特，则用一些任意的二进制流填满。由于 ECB 方式下一个密文块仅与对应的明文块以及密钥有关系，密文块之间没有相关性，因此它存在两个严重缺陷，目前很少使用。

（1）密文块彼此不关联，因此攻击者可以轻易地改变密文块的顺序或相互替换某个密文块而不被接收者发现，因为每一块的内容依然是正确的。例如，如果工资表是按字母顺序排列，则一个雇员有可能用另一段密文去修改对应自己表项的密文（如用总经理的工资数代替自己的工资数）而并不被操作员发现。

（2）相同的密文对应相同的明文，容易暴露出明文的固有格式。另外，破译者还可根据他对明文的零星了解来猜测密文的内容。例如，如果密文是一张字符文件的工资表，则破译者有可能根据他所了解的文件格式去猜测其中的工资结构。

第二节 大数据存储技术分析

一、大数据存储概述

（一）大数据存储的概念

1. 大数据存储的定义

大数据存储通常是指将那些数量巨大，难于收集、处理、分析的数据集持久化到存储设备中。在进行大数据分析之前，首先要将海量的数据存储起来以便使用。因此，大数据的存储是数据分析与应用的前提。

2. 大数据获取及存储与传统存储的区别

（1）大数据通常是吉字节甚至是太字节乃至 PB 的数量级，因而与传统的数据存储方式差异较大。例如，在传统的数据存储中，1 MB 相当于 6 本《红楼梦》的字数，而 Facebook 上每天产生 4PB 的数据，包含 100 亿条消息，以及 3.5 亿张照片和 1 亿小时的视频浏览量。

（2）传统数据的获取方式大多是人工的，或者是简单的键盘输入，如超市每天的营业额等营业数据，多数是以电子表格的方式输入并存储到计算机中，存储量较小。

在大数据时代，数据获取的方式有这样几种：爬虫爬取、用户留存、用户上传、数据交易和数据共享。大数据的数据获取方式，如图 4-2-1 所示。

如图 4-2-1 所示，自有数据与外部数据是数据获取的两个主要渠道。人们可以通过一些爬虫软件有目的地定向爬取，如爬取一批用户的微博关注数据、某汽车论坛的各型号汽车的报价等。用户留存一般是用户使用了公司的产品或业务，用户在使用产品或业务的过程中会留下一系列行为数据，这构成了大数据中的数据库主体，通常的数据分析多基于用户留存的数据。用户上传的数据包括持证自拍照、通信录、历史通话详单等需要用户主动授权提供的数据，这类数据往往是业务运作中的关键数据。相较于自有数据获取，外部数据的获取方式简单许多，绝大多数都是基于 API 接口的传输，也有少量的数据采用线下交易以表格或文件的形式线下传输。此类数据或是采用明码标价的方式标明一条数据的价格，或是交易双方承诺数据共享，谋求共同发展。

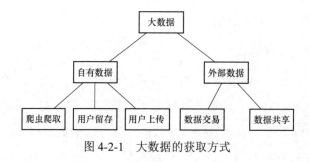

图 4-2-1 大数据的获取方式

（3）在大数据时代，数据的传输也与传统的数据传输方式不同。如传统数据要么以线下传统文件的方式进行传输，要么以邮件或第三方软件的方式进行传输，而随着 API 接口的成熟和普及，API 接口也随着时代的发展逐渐标准化、统一化。如一个程序员只用两天的时间就能完成一个 API 接口开发，而 API 接口传输数据的效率更是能够达到毫秒级。

（4）大数据存储的数据类型与传统存储的数据类型差异较大。传统数据更注重于对象的描述，而大数据更倾向于对数据过程的记录。例如，要记录一个客户的信息，传统存储如表 4-2-1 所示，大数据存储如表 4-2-2 所示。

表 4-2-1 传统存储方式

姓名	身高	体重	年龄	爱好	职业
张明	170 cm	55 kg	43	唱歌	教师
李明	165 cm	55 kg	41	游泳	军人

表 4-2-2 大数据存储方式

姓名	身高	体重	年龄	爱好	身份	作息	睡眠质量	性格	身体状况	常去地点	网购习惯
张飞	172 cm	66 kg	34	爬山	职员	23 点睡觉	较好	外向	较好	健身房	经常
关林	176 cm	61 kg	38	上网	公务员	24 点睡觉	一般	内向	一般	酒吧	偶尔

如表 4-2-1 所示和如表 4-2-2 所示，如果用大数据的方式来记录一个人，那么就可以详细地记录这个人的作息时间、睡眠质量、身体状况、性格习惯、每个时间点在做什么等一系列过程数据。通过这些过程数据不仅能了解一个人的基本信息，还能知道他的习惯、性格，甚至能挖掘出隐藏在生活习惯中的情绪与内心活动等信息。这些都是传统数据所无法体现的，也是大数据承载信息的丰富之处，在丰富的信息背后隐藏着巨大的价值，这些价值甚至能帮助人们达到"通过数据来详细了解一个人"的目的。

综上所述，大数据存储不仅存储数据的容量较大，更重要的是人们可以从存储的数据中找到数据间相互的关系，通过对数据进行比较和分析，最终产生商业价值。

（二）大数据存储的类型

大数据存储的类型主要有三种：块存储、文件存储和对象存储。

1. 块存储

块存储就像硬盘一样，直接挂载到主机上，一般作为主机的直接存储空间和数据库应用的存储来使用。它主要有以下三种形式。

（1）DAS（Direct Attached Storage，直连式存储）。DAS 是一种直接连接在主机服务器上的存储方式。在 DAS 中，每一台主机服务器都有独立的存储设备，主机服务器的存储设备之间无法互通，跨主机存取数据时，必须经过相对复杂的设定。若主机服务器分属不同的操作系统，则要存取彼此的数据更加复杂，有些系统甚至不能存取。通常用在单一网络且数据交换量不大、性能要求不高的环境下，可以说是一种应用较早的技术。

（2）SAN（Storage Area Network，存储区域网络）。SAN 是一种用高速（光纤）网络连接专业主机服务器的存储方式，此系统位于主机群的后端，它使用高速 I/O 连接方式，如 SCSI、ESCON 及光纤通道（Fiber Channel）。一般而言，SAN 应用在对网络速度要求高、对数据的可靠性和安全性要求高、对数据共享的性能要求高的应用环境中，特点是代价高、性能好。例如，用于电信、银行的大数据量的关键应用。它采用 SCSI 块 I/O 的命令集，通过在磁盘或光纤通道级的数据访问提供高性能的随机 I/O 和数据吞吐率。它具有高带宽、低延迟的优势，在高性能计算中占有一席之地，但是由于 SAN 系统的价格较高，且可扩展性较差，已不能满足成千上万个 CPU 规模的系统存储需要。

（3）云存储的块存储。它具有 SAN 的优势，而且成本低，不用自己运维，且提供弹性扩容，可以随意搭配不同等级的存储，存储介质可选择普通硬盘和固态硬盘（SSD）。

2. 文件存储

文件存储相对块存储来说更能兼顾多个应用和更多用户访问，同时提供方便的数据共享手段，毕竟大部分的用户数据都是以文件形式存放的。在个人计算机时代，数据共享也大多是文件的形式，如常见的 FTP 服务、NFS 服务、Samba 共享都属于典型的文件存储。文件存储与较底层的块存储不同，它上升到了应用层，一般而言是一套网络存储设备，通过 TCP/IP，用 NFSv3/v4 协议进行访问。NAS（Network Attached Storage，网络接入存储）是一种文件存储，它通过网络运转，且采用上层网络协议，因此一般用于多个云服务器共享数据，如服务器日志集中管理、办公文件共享等，但由于 NAS 的协议开销高、带宽低、延迟大，不利于在高性能集群中应用。

3. 对象存储

对象存储是一种新的网络存储架构。存储标准化组织早在 2004 年就给出了对象存储的定义，但早期多出现在超大规模系统中，所以并不为大众所熟知，相关产品一直也不温不火。一直到云计算和大数据的概念普及，它才慢慢进入公众视野。对象存储的优势是互联网或公网主要解决海量数据，海量并发访问的需求。总体上看，对象存储同时兼具 SAN 的高级直接访问磁盘特点及 NAS 的分布式共享特点。它的核心是将数据通路（数据读或写）和控制通路（元数据）分离，并且基于对象存储设备构建存储系统，每个对象存储设备都具备一定的职能，能够自动管理其上的数据分布。对象存储结构由对象（Object）、对象存储设备（Object Storage Device，OSD）、元数据服务器（MetaData Server，MDS）和对象存储系统的客户端（Client）四部分组成。

（1）对象。在对象存储模式中，对象是系统中数据存储的基本单位，一个对象实际上就是文件的数据和一组属性信息。在存储设备中，所有对象都有一个对象标识，允许一个服务器或最终用户来检索对象，而不必知道数据的物理地址。而传统的存储系统中用文件或块作为基本的存储单位。对象和文件最大的不同就是在文件基础之上增加了元数据。一般情况下，对象分为三个部分：数据、元数据以及对象 ID。

（2）对象存储设备。OSD 具有一定的智能，它有自己的 CPU、内存、网络和磁盘系统，OSD 同块设备的不同不在于存储介质，而在于两者提供的访问接口。OSD 的主要功能包括数据存储和安全访问，目前国际上通常采用刀片式结构实现对象存储设备。OSD 主要有以下三个功能。

① 数据存储。OSD 管理对象数据，并将它们放置在标准的磁盘系统上，OSD 不提供接口访问方式，客户端请求数据时用对象 ID、偏移进行数据读写。

② 智能分布。OSD 用其自身的 CPU 和内存优化数据分布，并支持数据的预取。OSD 可以智能地支持对象的预取，因而可以优化磁盘的性能。

③ 每个对象数据的管理。OSD 管理存储在其他对象上的元数据，该元数据与传统的 inode 元数据相似，通常包括对象的数据块和对象的长度。而在传统的 NAS 系统中，这些元数据是由文件服务器提供的，对象存储架构将系统中主要的元数据管理工作由 OSD 来完成，降低了客户端的开销。

（3）元数据服务器。MDS 控制客户端与 OSD 对象的交互，为客户端提供元数据，主要是文件的逻辑视图，包括文件与目录的组织关系、每个文件所对应的 OSD 等。

（4）对象存储系统的客户端。为了有效支持客户端访问 OSD 上的对象，需要在计算节点建立对象存储系统的客户端，通常提供 POSLX 文件系统接口。

二、大数据存储的方式

大数据存储的方式主要有分布式存储、NoSQL 数据库存储、NewSQL 数据库存储及云数据库存储四种。

（一）分布式存储

分布式系统包含多个自主的处理单元，通过计算机网络互联来协作完成分配的任务。其分而治之的策略能够更好地处理大规模数据分析问题，主要包含分布式文件系统和分布式键值系统两类。

1. 分布式文件系统

大数据的存储管理需要多种技术的协同工作，其中文件系统为其提供最底层存储能力的支持。分布式文件系统是一个高度容错性系统，被设计成适用于批量处理，能够提供高吞吐量的数据访问。

在实际应用中，分布式文件系统可通过多个节点并行执行数据库任务，提高整个数据库系统的性能和可用性，但是其主要的缺点是缺乏较好的弹性，并且容错性较差。

2. 分布式键值系统

分布式键值系统用于存储关系简单的半结构化数据。典型的分布式键值系统有亚马逊的 Dynamo，以及获得广泛应用和关注的对象存储技术，其存储和管理的是对象而不是数据块。

Dynamo 以很简单的键值方式存储数据，不支持复杂的查询。Dynamo 中存储的是数据值的原始形式，不解析数据的具体内容，因此它主要用于亚马逊的购物车及 S3 云存储服务。

淘宝也自主开发了一个分布式键值存储引擎 Tair。Tair 分为持久化和非持久化两种使用方式。非持久化的 Tair 可以看成一个分布式缓存，持久化的 Tair 将数据存放于磁盘中。为了防止磁盘损坏导致数据丢失，Tair 可以配置数据的备份数目，Tair 会自动将一份数据的不同备份放到不同的节点上，当有节点发生异常无法正常提供服务时，其余的节点会继续提供服务。

（二）NoSQL 数据库存储

1. NoSQL 数据库概述

传统的关系数据库采用关系模型作为数据的组织方式，但是随着对数据存储要求的不断提高，在大数据存储中，之前常用的关系数据库已经无法满足 Web2.0 的需求。其主要表现为：无法满足海量数据的管理需求、无法满足数据高并发的需求、高可扩展性和高可用性的功能太低。在这种情况下，NoSQL 数据库应运而生。NoSQL 数据库又叫作非关系数据库，它是英文 Not only SQL 的缩写，即"不仅仅是 SQL"。NoSQL 一词最早出现于 1998 年，是 Carlo Strozzi 开发的一个轻量、开源、不提供 SQL 功能的关系数据库。

和关系数据库管理系统相比，NoSQL 不使用 SQL 作为查询语言，其存储也不需要固定的表模式，用户操作 NoSQL 时通常会避免使用关系数据库管理系统的 JION 操作。NoSQL 数据库一般都具备水平可扩展的特性，并且支持超大规模数据存储，灵活的数据模型也很好地支持了 Web2.0 应用，此外还具有强大的横向扩展能力。典型的 NoSQL 数据库分为：键值数据库、列式数据库、文档型数据库和图形数据库，每种数据库都能够解决传统关系数据库无法解决的问题。

但是值得注意的是，NoSQL 数据库也存在以下缺点：缺乏较为扎实的数学理论基础，在复杂查询数据时性能不高；大都不能实现事务强一致性，很难实现数据完整性：技术尚不成熟，缺乏专业团队的技术支持，维护较困难等。目前 NoSQL 数据库在以下几种情况下比较适用：

（1）数据模型比较简单。

（2）需要灵活性更强的 IT 系统。

（3）对数据库性能要求较高。

（4）不需要高度的数据一致性。

（5）对于给定 Key（键值），比较容易映射复杂值的环境。

2. NoSQL 数据库的理论基础

传统的关系数据库在功能支持上通常很宽泛，从简单的键值查询，到复杂的多表联合查询，再到事务机制的支持。而与之不同的是，NoSQL 系统通常注重性能和扩展性，而非事务机制（事务就是强一致性的体现）。因此，NoSQL 数据库的三大理论基础分别是 CAP 原则、BASE 和最终一致性。

（1）CAP 原则

CAP 原则又称 CAP 定理，指的是在一个分布式系统中，Consistency（一致性）、Availability（可用性）、Partition tolerance（分区容错性），三者不可兼得。

① 一致性指在分布式系统中的所有数据备份，在同一时刻是否是同样的值。② 可用性指在集群中一部分节点故障后，集群整体是否还能响应客户端的读写请求。③ 分区容错性。以实际效果而言，分区相当于对通信的时限要求。系统如果不能在时限内达成数据一致性，就意味着发生了分区的情况，必须就当前操作在一致性和可用性之间做出选择。

（2）BASE

BASE 是 Basically Available（基本可用）、Soft state（软状态）和 Eventually consistent（最终一致性）三个短语的缩写。BASE 是对 CAP 原则中一致性和可用性权衡的结果，其来源于对大规模互联网系统分布式实践的结论，是基于 CAP 原则逐步演化而来的。其核心理念是，即使无法做到强一致性，但每个应用都可以根据自身的业务特点，采用适当的方式来使系统达到最终一致性。

① 基本可用指分布式系统在出现不可预知故障的时候，允许损失部分可用性。

② 软状态也称弱状态，和硬状态相对，是指允许系统中的数据存在中间状态，并认为该中间状态的存在不会影响系统的整体可用性，即允许系统在不同节点的数据副本之间进行数据同步的过程中延时。

③ 最终一致性强调的是系统中所有的数据副本，在经过一段时间的同步后，最终能够达到一个一致的状态。因此，最终一致性的本质是需要系统保证最终数据能够达到一致，而不需要实时保证系统数据的强一致性。

（3）最终一致性

讨论最终一致性的时候，需要从客户端和服务器两个角度来考虑。服务器一致性是指更新如何复制分布到整个系统，以保证数据的最终一致。而客户端一致性是指在高并发的数据访问操作下，后续操作是否可以获取最新的数据。

3. NoSQL 数据库的分类

NoSQL 数据库主要分为列式数据库、键值数据库、文档型数据库和图形数据库四大类。

（1）列式数据库

列式存储是相对于传统关系数据库的行式存储来说的。简单来说，两者的区别就是如何组织表。一般来讲，将表放入存储系统中有两种方法：行存储法和列存储法。行存储法是将各行放入连续的物理位置，它擅长随机读操作，不适合用于大数据，常用于联机事务型数据处理。而列存储法是将数据按照列存储到数据库中，它是面向大数据环境下数据仓库的数据分析而产生，常用于解决某些特定场景下关系数据库读写频率较高的问题。

因此，应用行式存储的数据库系统称为行式数据库，同理，应用列式存储的数据库系统称为列式数据库。此外，随着列式数据库的发展，传统的行式数据库加入了支持列式存储的行列，形成具有两种存储方式的数据库系统。

在实际应用中，传统的关系数据库，如 Oracle、DB2、MySQL、SQL Server 等采用行式存储，而新兴的 HBase、HP Vertica、EMC Greenplum 等分布式数据库采用列式存储。其中，HBase 是一个开源的非关系分布式数据库（NoSQL），它参考了谷歌的 BigTable 建模，实现的编程语言为 Java。它是 Apache 软件基金会的 Hadoop 项目的一部分，运行于 Hadoop 分布式文件系统之上，为 Hadoop 提供类似于 BigTable 规模的服务。因此，它可以容错地存储海量稀疏的数据。

列式数据库的优点主要有：极高的装载速度、适合大量的数据而不是小数据、高效的压缩率、适合做聚合操作。

列式数据库的缺点主要有：不适合扫描小量数据、不适合随机地更新、不适合做含有删除和更新的实时操作。

（2）键值数据库

键值存储即 Key-Value 存储（简称 KV 存储），它是 NoSQL 存储的一种方式。它的数据按照键值对的形式进行组织、索引和存储。键值存储非常适合不涉及过多数据关系的业务数据，同时能有效减少读写磁盘的次数，比 SQL 数据库存储拥有更好的读写性能。

键值数据库是一种非关系数据库，它使用简单的键值方法来存储数据。键值数据库将数据存储为键值对集合，其中键是唯一标识符，键和值都可以是从简单对象到复杂复合对象的任意内容。键值数据库是高度可分区的，并且允许以其他类型的数据库无法实现的规模进行水平扩展。

在实际应用中，键值数据库适用于那些频繁读写、拥有简单数据模型的应用。键值数据库中存储的值可以是简单的标量值，如整数或布尔值，也可以是结构化数据类型，如列表和 JSON 结构。例如，在电子商务网站中存储购物车数据的就是键值数据库，在移动应用中存储用户配置信息数据的也大多是键值数据库。

键值数据库的特点主要有使用简洁、读写高效及易于缩放等。

① 使用简洁。在使用键值数据库时用到的只是增加和删除操作，不需要

设计复杂的数据模型和纲要，也不需要为每个属性指定数据类型。

② 读写高效。键值数据库把数据保存在内存中，因此对于海量数据的读取和写入速度较快。

③ 易于缩放。键值数据库可根据系统负载量随时添加或删除服务器，并可使用主从式复制和无主式复制来实现缩放。

（3）文档型数据库

文档型数据库是键值数据库的子类，它们的差别在于处理数据的方式。在键值数据库中，数据对数据库是不透明的；而面向文档的数据库系统依赖于文件的内部结构，它获取元数据以用于数据库引擎进行更深层次的优化。因此，文档型数据库的设计标准更加灵活。如果一个应用程序需要存储不同的属性以及大量的数据，那么文档型数据库将会是一个很好的选择。例如，要在关系数据库中表示产品，建模者需要使用通用的属性和额外的表来为每个产品子类型存储属性，文档型数据库却可以更为简单地处理这种情况。

与键值存储不同的是，文档存储关乎文档的内部结构。这使得存储引擎可以直接支持二级索引，从而允许对任意字段进行高效查询。它具有文档嵌套存储的能力，使得查询语言具有搜索嵌套对象的能力，XQuery 就是一个例子。

此外，文档型数据库也不同于关系数据库，关系数据库是高度结构化的，而文档型数据库允许创建许多不同类型的非结构化的或任意格式的字段。与关系数据库的主要不同在于，文档型数据库不提供对参数完整性和分布事务的支持，但和关系数据库也不是相互排斥的，它们之间可以相互交换数据，从而相互补充、扩展。

文档型数据库的优点主要有：数据结构要求不严格，表结构可变，并且不需要像关系数据库一样需要预先定义表结构。

文档型数据库的缺点主要有：查询性能不高，缺乏统一的查询语法。

（三）NewSQL 数据库存储

1. NewSQL 数据库概述

NewSQL 数据库是对各种新的可扩展、高性能数据库的简称。它是一种相对较新的形式，旨在使用现有的编程语言和以前不可用的技术来结合 SQL 和 NoSQL 中最好的部分。这类数据库不仅具有 NoSQL 对海量数据的存储管理能力，还保持了传统数据库支持 ACID 和 SQL 等特性。因此，NewSQL 数据库也被定义为下一代数据库的发展方向。作为一种相对较新的形式，NewSQL 的目标是将 SQL 的 ACID 保证与 NoSQL 的可扩展性和高性能相结合。

NewSQL 数据库改变了数据的定义范围，它不再是原始的数据类型，如整型、浮点型，它的数据可能是整个文件。此外，NewSQL 数据库是非关系的、水平可扩展、分布式，并且是开源的。目前常见的 NewSQL 主要有以下两大特点。

（1）拥有关系数据库的产品和服务，并将关系模型的好处带到分布式架构上。

（2）提高关系数据库的性能，使之达到不用考虑水平扩展问题的程度。

2. NewSQL 数据库技术与实现

在技术上，相较于传统关系数据库，NewSQL 更强调数据一致性，以更好地适应分布式数据库的应用。它还取消了耗费资源的缓冲池，直接在内存中运行整个数据库，缩短了访问数据库的时间。此外，它还摒弃了单线程服务的锁机制，通过使用冗余机器来实现复制和故障恢复，以取代原有的代价高昂的恢复操作。

值得注意的是，NewSQL 中并没有开拓性的理论技术的创新，更多的是架构的创新，以及如何把现有的技术更好地适用于当今的服务器和分布式架构，从而使得这些技术能够有机地结合起来，形成高效率的整体，满足 NewSQL 高可用、可扩展以及强一致性等需求。因此，NewSQL 既能够提供

SQL 数据库的质量保证，也能提供 NoSQL 数据库的可扩展性。

现有的 NewSQL 数据库厂商主要有亚马逊关系数据库服务，微软 SQLAzure、Xeround 和 FathomDB 等。

3. NewSQL 数据库的应用

（1）VoltDB

VoltDB 是一种比较典型的内存数据库，它的架构是基于 Michael Stonebraker 等提出的 H-Store，是一种用于 OLTP 工作负载的内存数据库。

VoltDB 关注快速数据，目的是服务于那些必须对大流量数据进行快速处理的特定应用，如贸易应用、在线游戏、物联网传感器等应用场景。

（2）Cosmos DB

Cosmos DB 是一种分布于全球的多模型数据库服务。作为多模型服务，它的底层存储模型支持键值数据库、列式数据库、文档型数据库和图形数据库，并支持通过 SQL 和 NoSQL API 提供数据。此外，Cosmos DB 在设计上考虑了降低数据库管理的代价。它无需开发人员操心索引或模式管理，自动维护索引以确保性能。

Cosmos DB 提供多个一致性层级，支持开发人员在确定所需的适用 SLA（Service Level Agreement，服务等级协议）上做出权衡。除了两种极端的强一致性情况和最终一致性之外，Cosmos DB 还提供了另外五个良好定义的一致性层级。每个一致性层级提供单独的 SLA，确保达到特定的可用和性能层级。

（四）云数据库存储

1. 云数据库概述

云数据库是指被优化或部署到一个虚拟计算环境中的数据库，是在云计算的大背景下发展起来的一种新兴的共享基础架构的方法，它极大地增强了数据库的存储能力，消除了人员、硬件、软件的重复配置，让软件、硬件升级变得更加容易。因此，云数据库具有高可扩展性、高可用性等特点，可以实现按需付费和按需扩展。

从数据模型的角度来说，云数据库并非一种全新的数据库技术，如云数据库并没有专属于自己的数据模型，它所采用的数据模型可以是关系数据库所使用的关系模型，也可以是 NoSQL 数据库所使用的非关系模型。并且针对不同的企业，云数据库可以提供不同的服务，如云数据库既可以满足大企业的海量数据存储需求，也可以满足中小企业的低成本数据存储需求，还可以满足企业动态变化的数据存储需求。

云数据库提供的服务较多，其中云数据库 Memcache 是基于内存的缓存服务，支持海量小数据的高速访问。它可以极大缓解后端存储的压力，提高网站或应用的响应速度。

云数据库 RDS（Relational Database Service，关系数据库服务），是一种即开即用、稳定可靠、可弹性伸缩的在线数据库服务。

而云数据库 Redis 则是兼容 Redis 协议标准的、提供持久化的内存数据库服务。该服务基于高可靠双机热备架构及可无缝扩展的集群架构，能够满足高读写性能场景及容量弹性变配的业务需求。

2. 云数据库产品与服务

目前市场上提供云数据库服务的企业主要有亚马逊、谷歌、微软、Oracle、阿里、百度、腾讯及金山等，产品与服务主要有 DynamoDB、Google Cloud SQL、Microsoft SQLAzure、阿里云 RDS、百度云数据库及腾讯云数据库等。

（1）Google Cloud SQL

Google Cloud SQL 是谷歌公司推出的基于 MySQL 的云数据库。用户一旦使用 Cloud SQL，所有的事务都在"云"中，并由谷歌管理，用户不需要配置或排查错误。此外，谷歌还提供导入或导出服务，方便用户将数据库带进或带出"云"。

（2）Microsoft SQL Azure

Microsoft SQL Azure 是微软公司推出的云数据库，该产品属于关系数据库，构建在 SQL Server 之上。它通过分布式技术提升传统关系数据库的可扩展性和容错能力，并支持使用 T-SQL（Transact-SQL，增强型 SQL）来管理、创建和操作云数据库。它的数据类型、存储过程和传统的 SQL Server 具有很大的相似性，因此，应用可以在本地进行开发，然后部署到云平台上。此外，Microsoft SQL Azure 还支持大量数据类型，包含了几乎所有典型的 SQL Server 2008 的数据类型。

（3）阿里云 RDS

阿里云 RDS 是一种稳定可靠、可弹性伸缩的在线数据库服务。该服务基于阿里云分布式文件系统和 SSD 盘高性能存储，支持 MySQL、SQL Server、PostgreSQL、PPAS（Postgre Plus Advanced Server，高度兼容 Oracle 数据库）和 MariaDB-TX 引擎，并且提供了容灾、备份、恢复、监控、迁移等的全套解决方案，能够彻底解决数据库运维的烦恼。

（4）Amazon DynamoDB

Amazon DynamoDB 是亚马逊公司的 NoSQL 数据库产品，它是一种完全托管的 NoSQL 数据库服务，提供快速而可预测的性能，能够实现无缝扩展。DynamoDB 可以从表中自动删除过期的项，从而帮助用户降低存储量，减少用于存储不相关数据的成本。

三、大数据中的数据库应用

（一）MySQL

1. MySQL 概述

MySQL 是一个小型的关系数据库管理系统，由于该软件具有体积小、运行速度快、操作方便等优点，目前被广泛地应用于 Web 上的中小企业网站的后台数据库中。

MySQL 数据库的优点如下。

（1）体积小、速度快、成本低。

（2）使用的核心线程是完全多线程的，可以支持多处理器。

（3）提供了多种语言支持，MySQL 为 C、C＋＋、Python、Java、Perl、

PHP、Ruby 等多种编程语言提供了 API，访问和使用方便。

（4）MySQL 支持多种操作系统，可以运行在不同的平台上。

（5）支持大量数据查询和存储，可以承受大量的并发访问。

（6）免费开源。

但是 MySQL 也存在以下一些缺点。

（1）MySQL 不支持事务，另外只有到调用 MySQL Admin 重读用户权限时才发生改变。

（2）MySQL 不支持热备份。

2. MySQL 的应用

在使用 MySQL 存储企业的海量数据时，可以用分布式数据库的技术，即将原来集中式数据库中的数据分散存储到多个通过网络连接的数据存储节点上，以获得更大的存储容量和更高的并发访问量。

MySQL 在存储中使用分布式主从结构，通过 Master（主）和 Slave（从）实现读写分析，数据采用主从复制的原理。主从复制是指数据可以从一个 MySQL 数据库服务器主节点复制到一个或多个从节点。MySQL 默认采用异步复制方式，这样从节点不用一直访问主服务器来更新自己的数据，数据的更新可以在远程连接上进行，从节点可以复制主数据库中的所有数据库，或特定的数据库，或特定的表。

采用这种主从复制读写方式，每个从节点只负责提供数据与存储数据，因而极大地增加后台的稳定性和适应高并发的情景。

（二）Hive

1. Hive 概述

Hive 是基于 Hadoop 的一个数据仓库工具，可以将结构化的数据文件映射为一张数据库表，并提供简单的 SQL 查询功能，可以将 SQL 语句转换为 MapReduce 任务进行运行。

Hive 是建立在 Hadoop 上的数据仓库基础构架。它提供了一系列的工具，可以用来进行数据抽取、转换和加载，这是一种可以存储、查询和分析存储在 Hadoop 中的大规模数据的机制。Hive 定义了简单的类 SQL 查询语言（称为 HQL），它允许熟悉 SQL 用户查询数据。同时，这个语言也允许熟悉 MapReduce 的开发者开发自定义的 mapper 和 reducer，来处理内建的 mapper 和 reducer 无法完成的复杂的分析工作。

Hive 的优点如下。

（1）Hive 可以自由地扩展集群的规模，一般情况下不需要重启服务。

（2）Hive 支持用户自定义函数，用户可以根据自己的需求来实现自己的函数。

（3）Hive 具有良好的容错性，节点出现问题时 SQL 仍可完成执行。

2. Hive 的架构

Hive 的主要组成部分如下。

（1）Meta Store 是元数据存储。元数据包括表名、表所属的数据库、表的拥有者、列/分区字段、表的类型、表数据所在目录等。其默认存储在自带的 Derby 数据库中，由于开启多个 Hive 时会报告异常，因此推荐使用 MySQL 存储元数据。

（2）Client 是客户端，主要包括 CLI（Command Line Interface，命令行接口）、JDBC/ODBC（JDBC 访问 Hive）和 Web UI（浏览器访问 Hive）。

（3）Drive 是驱动器，包含解析器（SQL Parser）、编译器（Physical Plan）、优化器（Query Optimizer）和执行器（Execution）。

Hive 通过给用户提供的一系列交互接口，接收到用户的指令（SQL 语句），使用自己的驱动器，将 SQL 语句解析成对应的 MapReduce 程序，并生成相应的 JAR 包，结合元数据提供的对应文件的路径，提交到 Hadoop 中执行，最后将执行结果输出到用户交互接口。

Hive 的优势在于处理大数据，对于处理小数据没有优势，因此 Hive 的执行延迟比较高，常用于对实时性要求不高的场合，或用于数据的离线处理，如日志分析等。

（三）MongoDB

1. MongoDB 概述

MongoDB 是一个跨平台、面向文档的数据库。它可以应用于各种规模的企业、各个行业以及各类应用程序的开源数据库。它是一个基于分布式文件存储的数据库，也是一个介于关系数据库和非关系数据库之间的产品，是非关系数据库中功能最丰富、最像关系数据库的。

MongoDB 是专为可扩展性、高性能和高可用性而设计的数据库，它可以从单服务器部署扩展到大型、复杂的多数据中心架构。利用内存计算的优势，MongoDB 能够提供高性能的数据读写操作。

MongoDB 支持的数据结构非常松散，是类似 JSON 的格式，因此可以存储比较复杂的数据类型。MongoDB 最大的特点是它支持的查询语言非常强大，其语法有点类似于面向对象的查询语言，几乎可以实现类似关系数据库单表查询的绝大部分功能，而且还支持对数据建立索引。

2. MongoDB 的特点

（1）文档。文档是 MongoDB 中数据的基本单元，非常类似于关系数据库系统中的行（但是比行要复杂得多）。

（2）集合。集合就是一组文档，如果说 MongoDB 中的文档类似于关系数据库中的行，那么集合就如同表。

（3）数据库。MongoDB 中多个文档组成集合，多个集合组成数据库。一个 MongoDB 实例可以承载多个数据库。它们之间可以看作是相互独立的，每个数据库都有独立的权限控制。

（4）MongoDB 的单台计算机可以容纳多个独立的数据库，每一个数据库都有自己的集合和权限。

3. MongoDB 的应用

MongoDB 的主要应用场景如下。

（1）游戏场景：使用 MongoDB 存储游戏用户信息，用户的装备、积分等直接以内嵌文档的形式存储，方便查询、更新。

（2）社交场景：使用 MongoDB 存储用户信息，以及用户发表的朋友圈信息，通过地理位置索引查找附近的人、地点。

（3）物流场景：使用 MongoDB 存储订单信息，订单状态在运送过程中会不断更新，以 MongoDB 内嵌数组的形式来存储，一次查询就能将订单所有的变更读取出来。

（4）物联网场景：使用 MongoDB 存储所有接入的智能设备信息，以及设备汇报的日志信息，并对这些信息进行多维度的分析。

（四）Neo4j

1. Neo4j 概述

Neo4j 是一个高性能的、基于 NoSQL 的图形数据库，它将结构化数据存储在网络上而不是表中。同时，它也是一个嵌入式的、基于磁盘的、具备完全的事务特性的 Java 持久化引擎，因此 Neo4j 也可以被看成一个高性能的图引擎，该引擎具有成熟数据库的所有特性。

Neo4j 使用图（Graph）相关的概念来描述模型，把数据保存为图中的节点以及节点之间的关系，因此各种数据之间的相互关系，可以很直接地使用图中节点和关系的概念来建模。

2. Neo4j 的特点

Neo4j 提供了大规模的可扩展性，在一台机器上可以处理有数十亿节点、关系、属性的图，可以扩展到多台机器上并行运行。相对于关系数据库来说，图形数据库善于处理大量复杂、互连、低结构化的数据，这些数据变化迅速，需要频繁地查询——在关系数据库中，这些查询会产生大量的表连接，导致性能衰退问题。

Neo4j 重点解决了拥有大量连接的传统关系数据库管理系统在查询时出现的性能衰退问题。通过围绕图进行数据建模，Neo4j 会以相同的速度遍历节点与边，其遍历速度与构成图的数据量没有任何关系。此外，Neo4j 还提供了非常快的图算法、推荐系统和联机分析处理风格的分析，而这一切在目前的关系数据库管理系统中都是无法实现的。

第三节　大数据传输安全分析

根据组织内部和外部的数据传输要求，应采用适当的加密保护措施，保证传输通道、传输节点和传输数据的安全，防止传输过程中的数据泄露。针对组织内需要对数据存储媒体进行访问和使用的场景，要提供有效的技术和管理手段，防止因存储媒体的不当使用而可能引发的数据泄露风险。

一、大数据传输加密

数据在通过不可信或者较低安全性的网络进行传输时，容易发生被窃取、伪造和篡改等安全风险，因此需要建立相关的安全防护措施，保障数据在传输过程中的安全性，而加密是保证数据传输安全的常用手段。

（一）大数据内容加密

1. 密码技术的概念

密码学是网络加密的基础，包括密码加密学、密码分析学以及安全管理、安全协议设计、散列函数等内容。密码体制设计是密码加密学的主要内容，密码体制的破译是密码分析学的主要内容，密码加密技术和密码分析技术相互依存、相互支持、密不可分。

加密和解密过程共同组成加密系统。在加密系统中，原有的信息称为明文（Plaintext，P），明文经过加密变换后的形式称为密文（Ciphertext，C）。由明文变为密文的过程称为加密（Enciphering，E），由密文还原成明文的过程称为解密（Deciphering，D）。

所谓"加密""解密"，实际上都是变换。假设用户 A 通过传输系统，向用户 B 发送一份经过加密的数据。B 收到加密数据后，解密得到原来的数据。

在此模型中，S_p 表示明文空间，S_c 表示密文空间，k 为密钥空间，由密钥 k 决定一个加密变换 E_k：$S_p->S_c$。

明文数据 p 通过加密后，得到密文 c，即 $c=E_k(p)$。通过密钥 k′决定的解密变换 $D_{k'}$：$S_c->S_p$，可以解密 c 并恢复得到明文数据 p，即：

$$p=D_{k'}(c)=D_{k'}(E_k(p))$$

密码系统的加/解密原理，如图 4-3-1 所示。

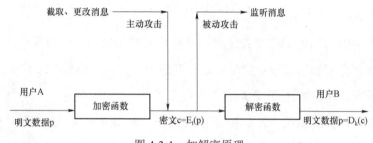

图 4-3-1　加解密原理

一般对于较成熟的密码系统，只会对密钥进行保密，其算法是可以公开的。使用者只需要修改密钥，即可达到改变加密过程和加密结果的目的。加密系统被破译的概率主要是由密钥的位数和复杂度决定的。

一个密码系统由加/解密算法和密钥两个基本组件构成。密钥是一组二进制数，加密体制可以分为对称密钥加密体制（简称对称密码体制）和非对称密钥加密体制（简称非对称密码体制）两种。

2. 对称密码体制

对称密码体制也称为单钥体制、私钥体制，其主要特点是通信双方在加/解密过程中使用相同的密钥（或由其中一个密钥可以推出本质上等同的另一个密钥），即加密密钥和解密密钥相同。传统密码体制多属于对称密码体制，对称密码体制的加/解密原理如图 4-3-2 所示。

按照加/解密的方式，对称密码体制可以分为序列密码和分组密码。

（1）序列密码的主要原理是：通过移位寄存器等有限状态机制产生性能优良的伪随机序列，然后使用该序列加密信息流，得到密文序列，产生伪随机序列的质量决定了序列密码算法的安全强度。序列密码主要用于军事和外交场合。

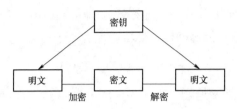

图 4-3-2　对称密码体制的加/解密原理

（2）分组密码的工作方式是将明文分成固定长度的组，用同一密钥和算法对每一组分别加密，输出也是固定长度的密文。商用的数据加密标准 DES 和高级数据加密标准 AES 等都属于分组密码。

对称密码体制的优点是：加/解密速度快，安全强度高，加密算法简单高效，密钥简短，破译难度大。

对称密码体制的缺点是：不太适合在网络中单独使用；对传输信息的完整性也不能做检查，无法解决消息的确认问题；缺乏自动检测密钥泄露的能力。

3. 高级数据加密标准

自 1997 年起，美国 NIST 在全球范围内组织了旨在代替 DES 的高级加密标准（Advanced Encryption Standard，AES）的征集与评估工作。最终推荐的 AES 是由比利时密码专家 Joan Daemen 和 Vincent Rijmen 提出的 Rijndael 密码算法。

Rijndael 密码算法是一个可变数据块长度和可变密钥长度的迭代分组密码算法，数据块长度和密钥长度可以为 128 位、192 位或 256 位。

数据块要经过多轮数据变换操作，每一轮变换操作所产生的一个中间结果称为状态。一个状态可表示为一个二维字节数组，分为 4 行 N_b 列。N_b 等于数据块的长度除以 32。数据块按 $a_{0,0}$、$a_{1,0}$、$a_{2,0}$、$a_{3,0}$、$a_{0,1}$、$a_{1,1}$…的顺序映射为状态中的字节，在加密操作结束时，以同样的顺序在状态中抽取密文，如

表 4-3-1 所示。

表 4-3-1 $N_b = 6$ 的状态分配表

$A_{0.0}$	$a_{0.1}$	$a_{0.2}$	$a_{0.3}$	$a_{0.4}$	$a_{0.5}$
$A_{1.0}$	$a_{1.1}$	$a_{1.2}$	$a_{1.3}$	$a_{1.4}$	$a_{1.5}$
$a_{2.0}$	$a_{2.1}$	$a_{2.2}$	$a_{2.3}$	$a_{2.4}$	$a_{2.5}$
$a_{3.0}$	$a_{3.1}$	$a_{3.2}$	$a_{1.3}$	$a_{3.4}$	$a_{3.5}$

类似地，密钥也可以表示为一个二维字节数组，它有 4 行 N_k 列，且 N_k 等于密钥块长度除以 32。

算法变换的圈（轮）数 N_r 由 N_b 和 N_k 共同决定，具体值如表 4-3-2 所示。

表 4-3-2 加密圈数表

N_r	$N_b = 4$	$N_b = 6$	$N_b = 8$
$N_k = 4$	10	12	14
$N_k = 6$	12	12	14
$N_k = 8$	14	14	14

加密算法的圈变换由 4 个不同的变换组成。前 $N_r - 1$ 圈的变换用伪代码表示为：Round(state,RoundKey)

{ByteSub(State);

//字节代替变换：是作用在状态中每个字节上的一种非线性字节变换

ShiftRow(State);

//行移位变换：状态的后 3 行以不同的移位值循环左移。

MixColumn(State);

//列混合变换：状态中每一列作为 GF（2^8）上的一个多项式与固定多项式相乘，然后模 $x^4 + 1$。

AddRoundKey(State,RounfKey);

//圈密钥加法：状态与圈密钥异或 }

加密算法的最后一圈变换不包含混合变换，由另外 3 个不同的变换组成，用伪代码表示为：

Round(State,RoundKey)

{ByteSub(State);ShiftRow(State);

AddRoundKey(State,RoundKey);}

圈密钥根据密钥编制得到，密钥编制包括密钥扩展和圈密钥选择两部分，且遵循以下原则。

（1）圈密钥的总位数为数据块长度与圈数加 1 的积。

（2）圈密钥通过如下方法由扩展密钥求得：第一个圈密钥由第一个 N_b 个字组成，第二个圈密钥由接下来的 N_b 个字组成，以此类推。

扩展密钥是一个 4 字节的数组，记为 $W[N_b \times (N_r + 1)]$。密钥包含在开始的 N_k 个字中，其他的字由它前面的字经过处理后得到。$N_k = 4/6$ 时，密钥编制方式相同。

圈密钥 i 由圈密钥缓冲区 $W[N_b \times i]$ 到 $W[N_b \times (i + 1)]$ 的字组成。

Rijndael 加密算法用伪代码表示为：

Rijndael(State,CipherKey)

{KeyExpansion(CipherKey,ExpandKey);//密钥扩展

AddRoundKey(State,ExpandKey);//初始化密钥加法

For(i = 1;i<N_r;i + + 1)

Round(State,ExpandedKey + N_b*i);//N_r – 1 圈变换

FinalRound(State,ExpandedKey + N_b*N_r);//最后一圈变换 }

密钥扩展可以在加密前进行。Rijndael 解密算法的结构与 Rijndael 加密算法结构相同，其中的变换为加密算法变换的逆变换，且使用了一个稍有改变的密钥编制。

4. 非对称密码体制

非对称密码体制也称为非对称密钥密码体制、公钥密码体制或双钥体制，它包含两个不同的密钥：一个为加密密钥（公开密钥 PK），可以公开通用；一个为只有解密方持有的解密密钥（秘密密钥 SK）。它要求两个密钥相关，

但不能从公开密钥推算出对应的秘密密钥。用加密密钥加密的信息，只能由相应的解密方使用解密密钥进行解密。非对称密码体制加/解密原理，如图 4-3-3 所示。

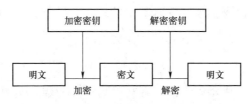

图 4-3-3　非对称密码体制加/解密原理

非对称密码体制将加密密钥和解密密钥分开，可以实现多用户加密的信息只能由一个用户解读，或一个用户加密的信息可由多用户解读。前者可用于公共网络中实现保密通信，后者则常用于实现对用户的认证。

非对称算法不需要联机密钥服务器，密钥分配协议简单，简化了密钥管理。因此，与对称密码体制相比，非对称密码体制的优势在于：非对称密码体制不但具有保密功能，还克服了密钥分发的问题，并具有鉴别功能。

非对称密码算法一般基于数学难解问题，常用的数学难题有三类：大整数分解问题类、离散对数问题类和椭圆曲线类。非对称密码体制的出现是现代密码学的一个重大突破，给数据的传输和存储安全带来了新的活力。常用的非对称密码体制有 RSA、椭圆曲线密码体制等。

RSA 体制由 Rivest、Shamir 及 Adleman 于 1978 年提出，该体制既可用于加密，又可用于数字签名，易懂、易实现，是使用时间最长、使用范围最广的非对称密码算法。国际上一些标准化组织 ISO、ITU 及 SWIFT 等均已接受 RSA 体制作为数字签名的标准，Internet 所采用的 PGP 也将 RSA 作为传送会话密钥和数字签名的标准算法。

RSA 体制是基于"大整数分解"这一著名数论难题产生的，将两个大素数相乘十分容易，但将该乘积分解为两个大素数因子却很困难。

在 RSA 中，公开密钥和秘密密钥是一对大素数的函数。在使用 RSA 公钥体制之前，需要为每个参与者产生一对密钥。RSA 体制的密钥产生过程为：

（1）随机选取两个互异的大素数 p、q，计算二者的乘积 $n = Pq$。

（2）计算其欧拉函数值 $\phi(n) = (p-1)(q-1)$。

（3）随机选取加密密钥 e，使 e 和 $\phi(n)$ 互素，因而在模 $\phi(n)$ 下，e 有逆元。

（4）利用欧几里得扩展算法计算 e 的逆元，即解密密钥 d，以满足

$$ed = 1 \mod \phi(n)$$

则
$$d = e_{-1} \mod \phi(n)$$

注意：$k_{eA} = (e、n)$ 是用户 A 的公开密钥，$k_{dA} = (d、p、q、\phi(n))(e、n)$ 是用户 A 的秘密密钥。当不再需要两个素数 p、q 和 ϕ（n）时，应该将其销毁。

RSA 体制的加/解密过程为：在对消息 m 进行加密时，首先将它分成比 n 小的数据分组 m_i，加密后的密文 c 将由相同长度的分组 c_i 组成。

对 m_i 的加密过程是：$c_i = m_i^e \pmod{n}$

对 c_i 的解密过程是：$m = c_i^d \pmod{n}$

RSA 体制的特点如下。

（1）保密强度高。由于其理论基础是基于数论中大整数分解问题，当 n 大于 2 048 时，目前的攻击方式还无法在有效时间内破译 RSA。

（2）密钥分配及管理简便。在 RSA 体制中，加密密钥和解密密钥互异、分离。加密密钥可以通过非保密信道向他人公开，而按特定要求选择的解密密钥则由用户秘密保存，秘密保存的密钥量减少，这就使得密钥分配更加方便，便于密钥管理，可以满足互不相识的人进行私人谈话时的保密性要求，适合于 Internet 等计算机网络的应用环境。

（3）数字签名易于实现。在 RSA 体制中，只有签名方利用自己的解密密钥（又称签名密钥）对明文进行签名，其他任何人是利用签名方的公开密钥（又称验证密钥）对签名进行验证，且无法伪造。因此，此签名如同签名方的亲手签名一样，具有法律效力。产生争执时，可以提交仲裁方做出仲裁。数字签名可以确保信息的鉴别性、完整性和真实性，目前世界上许多地方均把 RSA 用作数字签名标准，并已研制出多种高速的 RSA 专用芯片。

（二）网络加密方式

数据加密是一种重要的安全机制，加密技术不仅可以为用户提供保密通信，而且还是许多其他安全机制的基础。如访问控制中身份鉴别的设计、安全通信协议的设计，以及数字签名的设计，都离不开加密技术。

网络加密的方式主要包括三种：链路加密、节点对节点加密和端对端加密。

1. 链路加密

链路加密方式是指对网络上传输的数据报文的每一位进行加密，不但对数据报文正文加密，而且把路由信息、校验值等控制信息全部加密。所以，当数据报文传输到某个中间节点时，必须被解密以获得路由信息和校验值，进行路由选择、差错检测，然后再被加密，发送到下一个节点，直到数据报文到达目的节点为止。

链路加密是指链路两端都用加密设备进行加密，使得整个通信链路传输安全。在链路加密时，每一个链路两端的一对节点都应共享一个密钥，不同节点对共享不同的密钥，每个密钥仅分配给一对节点。当数据报进入一个分组交换机时，因为要读取报头中的地址进行路由选择，在每个交换机中均需要一次解密。所以，在交换机中数据不易受到攻击。

假设主机 A 和 B 之间的通信链路，经过了节点机 C。主机 A 对报文加密，主机 B 解密报文。报文在经过节点 C 时要解密，以明文的形式出现。即报文仅在一部分链路上加密，而在另一部分链路上并不加密，如图 4-3-4 所示。如果节点 C 不安全，则通过节点 C 的报文将产生信息泄露，则整个通信链路仍然是不安全的。

2. 节点对节点加密

为了解决在节点中数据是明文的缺陷，节点对节点加密方式在中间节点内装有用于加、解密的保护装置，即由这个装置来完成一个密钥向另一个密钥的变换（报文先解密，再用另一个不同的密钥重新加密）。因而，除了在保护装置里，即使在节点内也不会出现明文。

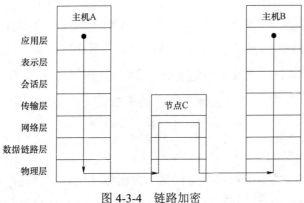

图 4-3-4　链路加密

节点对节点加密方式和链路加密方式一样，有一个共同的缺点：需要公共网络提供者配合，修改其交换节点，增加安全单元和保护装置。

另外，节点对节点加密要求报头和路由信息以明文形式传输，以便中间节点能得到如何处理消息的信息，但是这样也容易受到攻击。

3. 端对端加密

端对端加密是指只在用户双方通信线路的两端进行加密，数据以加密的形式由源节点通过网络到达目的节点，目的节点用与源节点共享的密钥对数据解密。这种方式提供了一定程度的认证功能，同时也防止网络上链路和交换机的攻击。

在传输前对表示层和应用层这样的高层完成加密，只能加密报文，而不能对报头加密。在端对端加密时，要考虑是对数据报的报头和用户数据整个部分加密，还是只对用户数据部分加密，报头以明文形式传输。前者在数据报通过节点时无法取出报头以选择路由，而后者虽然用户数据部分是安全的，却容易受业务流量分析的攻击。

端对端加密方式也称为面向协议加密方式。由发送方加密的数据，在中间节点处不以明文的形式出现，在没有到达最终目的地接收节点之前不被解密，加密和解密只是在源节点和目的节点进行。因此，这种方式可以实现按各传输对象的要求改变加密密钥以及按应用程序进行密钥管理等，而且采用这种方式可以解决文件加密问题。

这种加密方式的优点是网络上的每个用户可以有不同的加密关键词，而且网络本身不需要增添任何专门的加密设备。缺点是每个系统必须有一个加密设备和相应的管理加密关键词软件，或者每个系统自行完成加密工作，当数据传输率是按兆位/秒的单位计算时，加密任务的计算量比较大。

链路加密方式和端对端加密方式的区别是：链路加密方式是对整个链路的传输采取保护措施，而端对端方式则是对整个网络系统采取保护措施，端对端加密方式是未来发展的主要方向。对于重要的特殊信息，还可以采用将二者结合的加密方式。

（三）身份认证

身份认证与鉴别信息是数据安全、信息安全中的第一道防线，是严防"病从口入"的关口。

1. 身份认证的概念

认证是通过对网络系统使用过程中的主客体进行鉴别，并经过确认主客体的身份以后，给这些主客体赋予相应的标志、标签、证书等的过程。认证的目的是解决主体本身的信用问题和主体对客体访问的信任问题，认证是授权工作的基础，是对用户身份和认证信息的生成、存储、同步、验证和维护的全生命周期的管理。

身份认证是用户在进入系统或访问不同保护级别的系统资源时，系统确认该用户的身份是否真实、合法和唯一的过程，可以防止非法人员进入系统，防止非法人员通过违法操作获取受控信息、恶意破坏系统数据的完整性等破坏活动的发生。

2. 身份认证技术

常用的身份认证技术主要包括基于秘密信息的身份认证方法和基于物理安全的身份认证方法。

（1）基于秘密信息的身份认证方法

① 口令认证。系统给每一个合法用户一个用户名及口令，用户登录时，系统要求输入用户名和口令。如果均正确，则该用户的身份通过了认证。

口令认证的优点是方法简单，缺点是用户的口令一般较短，容易受到口令猜测攻击。口令的明文传输使得攻击者可以通过窃听信道等手段获得口令，加密口令则存在加密密钥的交互问题。

② 单向认证。单向认证需要与密钥分发相结合，是指通信的双方只需要一方被另一方鉴别的认证。

认证方法：一是采用对称密钥加密体制，通过一个可信任的第三方来实现通信双方的身份认证和密钥分发；二是采用非对称密码体制，无需第三方参与。

③ 双向认证。通信双方需要互相鉴别对方的身份，然后交换会话密钥。

④ 零知识证明。通常的身份认证都要求传输口令或身份信息，而零知识证明是一种不需要传输任何身份信息就可以进行认证的技术方法，其理念是：在没有将知识的任何内容泄露给验证者的前提下，使用某种有效的数学方法证明自己拥有该知识。

（2）基于物理安全的身份认证方法

基于物理安全的身份认证方法不依赖于用户知道的某个秘密的信息，而依赖于用户特有的某些生物学信息或用户持有的硬件。

基于生物学的认证方案包括基于指纹识别、人脸识别、声音识别、虹膜识别和掌纹识别等身份认证技术。

基于智能卡的身份认证机制在认证时，需要一个称为智能卡的硬件。智能卡中存有秘密信息，通常是一个随机数，只有持卡人才能被认证，它可以有效地防止口令猜测。

3. 身份认证系统的组成

身份认证系统一般包括三部分：认证服务器、认证系统用户端软件、认证设备。

身份认证系统主要通过身份认证协议和有关软硬件实现。AAA（Authentication，Authorization，Accounting）模块是身份认证系统的关键部分，包括认证、授权和审计三部分。其中，认证（Authentication）是验证用户的身份与可使用的网络服务；授权（Authorization）是依据认证结果开放网络服务给用户；审计（Accounting）是记录用户对各种网络服务的用量，并提供给计费系统。AAA 模块实现相对灵活的认证、授权和账务控制功能，并且预留了扩展接口，可以根据具体业务系统的需要，进行相应的扩展和调整。

（四）签名与验签

在传统商务活动中，为了保证交易的安全与真实，一份书面合同或公文要由当事人或其负责人签字、盖章，以便让交易双方识别是谁签的合同，保证签字或盖章的人认可合同的内容，在法律上才能承认这份合同是有效的。而在网络系统中，合同或文件是以电子文件的形式表现和传递的。在电子文件上，我们使用与手写签名或盖章同等作用的数字签名。

1. 数字签名的概念

按照标准 ISO7498-2 定义，数字签名是"附加在"数据单元上的一些数据，或是对数据单元所做的密码变换，这种数据和变换允许数据单元的接收者用以确认数据单元的来源和数据单元的完整性，并保护数据，防止被人进行伪造。美国电子签名标准对数字签名作了如下解释：利用一套规则和一个参数对数据计算所得的结果，用此结果能够确认签名者的身份和数据的完整性。《中华人民共和国电子签名法》（简称《电子签名法》）于 2005 年 4 月 1 日正式实施。《电子签名法》中提到的签名，一般指的是数字签名。所谓数字签名，就是通过由某种密码运算生成的一系列符号及代码组成的电子密码进行签名，来代替书写签名或印章。

数字签名，是用户使用个人的签名密钥对原始数据进行加密所得到的特殊字符串。对这种电子式签名可以进行技术验证，其验证的准确度是一般手工签名和图章验证所无法比拟的。数字签名是目前电子商务、电子政务中应用最普遍、技术最成熟、可操作性最强的一种电子签名方法，专门用于保证信息来源的真实性、数据传输的完整性和抗抵赖性。

2. 数字签名的种类

（1）手写签名或图章的识别。将手写签名或印章作为图像，使用光扫描设备，将光电转换后在数据库中加以存储。当验证此人的手写签名或盖印时，也用光扫描输入，并将数据库中对应的图像调出，用模式识别的数学计算方法将两者进行对比，以确认该签名或印章的真伪。这种方法不适合在互联网上传输。

（2）密码、密码代号或个人识别码。这是用一种传统的对称密钥加/解密的身份识别和签名方法。甲方需要乙方签一份电子文件，甲方可产生一个随机码传送给乙方，乙方用事先约定好的对称密钥加密该随机码和电子文件并回送给甲方，甲方用同样的对称密钥解密后得到电文并核对随机码。如果随机码核对正确，甲方即可认为该电文来自乙方。这种方式适合远程网络传输，但由于对称密钥管理困难，因此不适合大规模人群认证。

（3）基于量子力学的计算机。基于量子力学的计算机被称作量子计算机，是以量子力学原理直接进行计算的计算机。它比传统的图灵计算机具有更强大的功能，它的速度比现代的计算机快几亿倍。量子计算机利用光子的相位特性编码，由于量子力学的随机性非常特殊，窃听者在破译这种密码时会留下痕迹，甚至密码在被窃听的同时会自动改变。可以说，这是世界上最安全的密码认证和签名方法。

除了上述方法外，还有数字信封、数字水印、时间戳和基于 PKI 的电子签名等。

3. 数字签名的原理

网上通信的双方在互相认证身份之后，即可发送签名的数据电文。数字签名的全过程分两大部分：签名与验证，如图 4-3-5 所示，左侧为签名过程，右侧为验证过程。

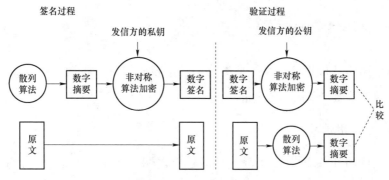

图 4-3-5　数字签名的原理

签名过程：发信方将原文用散列算法求得数字摘要，用签名密钥对数字摘要加密求得数字签名，然后将原文与数字签名一起发给收信方。

验证过程：收信方收到数字签名，用发信方的验证密钥验证数字签名，得出数字摘要，收信方将原文采用同样的散列算法计算新的数字摘要。如果两个数字摘要一致，说明经数字签名的电子文件传输成功。

4. 数字签名方案

为了保证签名的有效性，收/发双方绝对不能拥有完全相同的用于签名和验收的信息，利用已经讨论过的 RSA 的加解密过程，可知：

$$D(E(m)) = (m^e)^d = (m^d)^e = E(D(m)) \bmod n$$

所以 RSA 密码可以同时确保数据的保密性和真实性，因此利用 RSA 可以同时实现数字签名和数据加密。

设 m 为明文数据，$k_{eA} = (e、n)$ 是用户 A 的验证密钥（公开密钥），$k_{dA} = (d、P、q、\phi(n))$ 是 A 的签名密钥（秘密密钥），则 A 对 m 的签名过程是：

$$S_A = D(m、k_{dA}) = (m^d) \bmod n$$

S_A 即 A 对 m 的签名。

设 A 是发送方，B 是接收方，用户 B 可以使用 A 的公开验证密钥 k_{eA} 验证：

$$E(S_A、k_{eA}) = (m^d)^e \bmod n = m$$

二、网络可用性

通过网络基础设施及网络层数据防泄露设备的备份建设，可实现网络的高可用性，保证数据传输过程的稳定性。

（一）可用性管理指标

网络的可用性是指在某特定时间段内，网络正常工作的时间段占总时间段的百分比，一般用包含"9 的数量"（例如，5 个 9 代表网络在 99.999% 的时间里都是可用的）和"尽可能少的停机时间"来衡量。然而在运行多应用的网络中，可用性并不仅仅指 9 的数量有多少，也不在于特定的设备或连接是否停机，而指的是当用户需要某种应用时，网络是否能满足用户的需求。

典型的可用性指标计算公式包括：总可用性 = 1 −（停机时间/运行时间）；设备可用性 = MTBF/（MTBF + MTTR）。其中，MTBF（Mean Time Between Failure）为平均无故障时间，MTTR（Mean Time To Repair）为平均修复时间。

这些公式不仅被用来计算可用性，同时也帮助网络管理员了解哪类因素必须被捕捉，以用来完成计算。显然，最重要的数据应该是 MTBF 和 MTTR，对每个设备和每条通路都应该收集和分析这两个数据。

网络可用性分析和测量的依据是设备说明书上提供的理论 MTBF 数值、软件发行商提供的理论数值以及电源供给的理论数值，首先计算网络中的硬件、软件和电源供给的可用性，进而计算网络在理论上能够达到多高的可用性。

可用性的评估是重要的，它可以尽早地指出网络中哪些环节需要改进以满足需求。同时，通过可用性的评估，可以帮助预测停机造成的损失和提升网络性能得到的投资回报。

（二）负载均衡

网络中对数据的处理能力主要依靠服务器的性能。单台服务器每秒能处理的请求数量远远低于爆炸式增长的信息流量，单台服务器无法满足常规需求。将若干台服务器组成一个系统，按照设定好的算法将服务请求分配至系统中的服务器，这些服务器采用合作协同或平分负担处理请求的方法，就可以处理每秒数以百万计的请求，这就是负载均衡最初的设计思想。

1. 负载均衡的概念

负载均衡是一种将请求均衡分配到多个服务器资源上，从而可以提高资源利用率、缩短请求响应时间和增加系统吞吐量的计算机网络技术。它的产生为现有网络结构提供了一种廉价、有效的提高性能的方法，避免因节点负载分配不均而导致系统不稳定的问题。

负载均衡存在的意义是为了将主机的请求平均分配给若干台服务器，避免较多的请求拥塞在部分链路，而其他链路空闲的情况，以更小的延迟和更高的吞吐量来服务主机。负载均衡的表现主要是是否能够尽可能降低响应时间、是否能够最大化提高系统吞吐量、是否能够使得服务器之间处理请求的分配相对均衡、是否具有更高的可靠性。

2. 负载均衡中的任务调度和资源分配

在负载均衡的过程中，一个服务请求称为一个任务。任务调度和资源分配是负载均衡的两个核心问题，但二者侧重点不同。

任务调度是指将用户提交的服务请求调度到服务资源上，它是一个不同服务请求竞争服务资源的过程。任务调度时，重点考虑的是服务请求的响应时间和请求的服务质量等信息，使任务调度相对公平，从而保证请求的服务质量及调度的公平性。

资源分配是指资源提供方将服务资源分配给服务请求，它是一个不同服务资源通过协同合作完成服务请求分配的过程。资源分配时，重点考虑的是服务资源的利用率，使服务资源分配相对均衡，从而保证服务资源间的均衡性。

虽然二者概念不同，但二者在负载均衡过程中是相辅相成的，资源分配过程中会涉及任务调度，资源分配的效果也会影响任务调度的结果。

3. 负载均衡的目标

负载均衡是为了平均分配服务请求，最根本的目标就是通过某种合理的负载调度算法均衡分配服务请求，从而缩短请求的响应时间，提高系统资源利用率，保证任务调度的公平性和资源分配的均衡性，进而满足请求的服务质量，具体可以细分为以下五个方面。

（1）系统资源方面：最大化系统资源利用率，提高系统的吞吐量，改进系统性能，保证系统资源分配的均衡性。

（2）服务请求方面：使用某种合理的调度策略将服务请求调度到服务器节点上执行，缩短请求的响应时间，保证服务请求调度的公平性和服务质量，这也是负载均衡的实现手段和最根本目标。

（3）系统容错方面：能够通过负载均衡技术将出错服务器上的负载迁移到正常服务器节点上执行，使系统具有高容错性，保证系统在有故障发生时能够正常稳定地运行。

（4）系统稳定性方面：能够应对访问量突然增加的情况，不会因为访问量的突增造成系统瘫痪，保证系统稳定运行。

（5）系统自适应方面：通过负载均衡技术，使系统能够根据实际使用情况进行性能调节，从而获得最大的资源利用率。

4. 负载均衡算法分类

按照负载调度策略不同，负载均衡调度算法分为静态负载均衡算法、动态负载均衡算法以及动态反馈负载均衡算法。

（1）静态负载均衡算法

静态负载均衡算法按照事先已设计好的请求调度策略，不考虑各节点的真实负载情况，因此该算法并行性较差，只适用于请求明确且固定的情况；静态负载均衡算法不会产生额外的系统开销，但是不能根据各节点的真实负载状况做出合理的请求分配调整。

常用的静态负载均衡算法有轮询（Round Robin）、加权轮询（Weighted Round Robin）。以轮询法为例：负载均衡器将服务请求按顺序轮流分配给集群中的各节点，导致低配置节点获得与高配置节点同样多的服务请求，没有发挥出高配置节点应有的作用。静态负载均衡算法按照固定的负载均衡策略进行分配，算法简单、配置方便、运行速度快，但是没有考虑节点实时运行中的负载变化及服务请求强度的差异。当集群运行一段时间后容易造成集群负载不均衡，因此仅适用于任务相对固定的场景，不适用于复杂的应用场景。

（2）传统动态负载均衡算法

针对静态负载均衡算法灵活性差，无法根据实时网络情况进行方案部署的问题，在静态负载均衡算法的基础上，研究者们提出了动态负载均衡算法。该类算法能够实时分析网络和服务器的当前状况，根据实时负载信息，动态地将请求平均分配到服务器中。

常用的动态负载均衡算法有最小连接（Least Connection，LC）算法、加权最小连接（Weighted Least Connection，WLC）算法等。

以最小连接算法为例：负载均衡器以任务连接数作为衡量节点负载状况的指标，将请求分配给当前任务连接数最少的节点进行处理。在同构服务集群中，最小连接数算法可以较好地反映当前各服务节点的负载状况，但是在异构服务集群，由于各节点处理性能的不同以及服务请求强度的差异，仅通过任务连接数不能较好地反映当前负载状况和剩余服务处理资源，因此它不适应异构系统。

（3）动态反馈负载均衡算法

动态反馈负载均衡算法是对传统动态负载均衡算法的改进，即采用动态反馈机制的负载均衡策略，通过定期对各服务节点负载指标和任务连接数更新，进而及时掌握各节点状态，及时调整各节点请求分配，服务请求分配更加智能化，避免了某服务节点负载过重时仍收到大量的服务请求，提高了集群的整体服务性能。

动态负载均衡算法具有高度灵活性，它可以通过获取网络当前状况进行动态负载调度。因此，在大多数实际环境中，动态负载均衡算法的表现要优于静态负载均衡算法。

（三）大数据防泄露

信息系统中最核心的资产是数据，数据资产需要具备机密性、完整性和可用性，以保证数据不会被非法外泄，不会被非法篡改，同时不能影响数据使用者的使用方式和习惯。

1. 大数据防泄露技术

实现大数据防泄露的技术路线主要有两种。

（1）权限管控技术

数字权限管理（Digital Right Management，DRM）即通过设置特定的安全策略，对敏感数据文件生成、存储、传输的瞬态实现自动化保护，以及通过条件访问控制策略防止敏感数据非法复制、泄露和扩散等操作。

DRM 技术通常不对数据进行加解密操作，仅通过细粒度的操作控制和身份控制策略来实现数据的权限控制。权限管控策略与业务结合较紧密，对用户现有业务流程有影响。

（2）基于内容深度识别的通道防护技术

基于内容的数据防泄露（Data Loss Prevention，DLP）概念最早源自国外，是一种以不影响用户正常业务为目的，对企业内部敏感数据外发进行综合防护的技术手段。

DLP 以深层内容识别为核心，基于敏感数据内容策略定义，监控数据的外传通道，对敏感数据外传进行审计或控制。DLP 不改变正常的业务流程，具备丰富的审计能力，便于对数据泄露事件进行事后定位和及时溯源。

2. 大数据防泄露工作的困难

经过多年的发展，大数据防泄露的合规性技术已经发展得十分完善，较好地解决了合规数据的识别和泄露行为的实时监控问题。但随着数据泄露事件的不断出现，新的监控要求和实际的用户场景都对大数据防泄露提出了更高、更实际的需求，也使现有数据泄露防护技术面临新的困难与挑战。

（1）合规监管。数据安全已经不仅仅是企业自身所面临的风险，个人信息泄露事件同样需要行之有效的技术手段进行防护。在国家层面的法律法规中同样也有明确规定，《网络安全法》《个人信息安全规范》陆续出台，从法律法规层面对数据防泄露产品提出了更多的合规监管要求，也为大数据防泄露技术发展提供了更可靠的参考和依据。

（2）安全策略定义困难。数据防泄露（DLP）产品严格依赖策略定义来执行工作流程，DLP 策略的制定需要有数据拥有者参与，而往往实施 DLP 产品的技术部门对敏感数据接触较少，不清楚哪些是敏感信息，对其泄露产生的后果也无法评估，因此不容易定义出有效的安全策略。

（3）误报率高。DLP 产品由于策略定义困难的原因，经常会在上线初期定义宽松的策略，运行一段时间观察效果，并根据检测结果对策略进行调优，以达到比较好的效果。但由于缺少业务部门对数据风险类型和等级的输入，策略定义宽松会造成大量的误报警事件。

（4）预警滞后。DLP 产品要保护的对象是在企业内部以非结构化形式存储或流动的数据，其使用目的是防止内部人员有意或无意识地造成数据泄露，希望达到的效果是发现泄露时能够快速响应和追责，更好的效果是能够实时阻止甚至提前防止此类事件的发生。传统的 DLP 产品解决了快速响应和实时阻止的问题，却没有能够很好地达到准确溯源和提前预防的目的。

3. 大数据防泄露发展方向

为解决 DLP 面临的实际困难和问题，并更好地应对国家、行业的监管要求，大数据防泄露产品开始跳出固有框架，寻找新的技术路线。目前大数据防泄露技术模型主要包括两个最主要的发展方向。

（1）数据安全治理

Gartner 在 2017 年提出"持续自适应安全风险和信任评估"的安全理念，这是一种全新的战略架构。在数据安全领域实施时，该架构分为发现（Discover）、监测（Monitor）、分析（Analyze）和防护（Protect）四个象限，对用户、设备、应用、行为和数据进行持续可视化和评估。

对于 DLP 产品来说，一般从 CARTA 架构的 Monitor 象限开始，先使用审计方式，采用比较宽松的策略，且只检测一小部分非结构化数据，然后陆续进入 Analyze 象限和 Protect 象限，但由于一开始跳过了 Discover 象限，DLP 产品往往很难进入 Protect 象限。

数据安全治理的第一步就是数据发现与分类，基于数据分类的结果，可以解决很多实际数据安全问题，并对现有数据安全产品形成有效补充。

要确定数据安全防护的目标，首先要了解要保护的数据有哪些、它们分布在什么位置。数据发现技术能够对各个数据存储仓库中的数据进行自动遍历，发现敏感数据的存储位置，检查敏感数据的用户和使用者是否符合安全制度要求，并可以监控敏感数据的用户权限和流转过程。

为了便于制定数据安全保护策略，在发现了全部敏感数据的分布位置之后，需要对数据资产进行分级分类，并根据分类结果，筛选出重点要保护的数据资产，进而进行数据敏感性标识。

分类结果需要标记到对应的数据中，基于分类标记可以实现对数据生命周期的流转追踪和数据资产的可视化展示。

根据不同的数据标记，可以为不同安全级别的数据制定有针对性的安全保护策略，如对数据进行权限分配或修改，或执行对应的防护动作（加密、脱敏、移动、隔离、删除），从而提炼出可实施的策略方案。

传统的 DLP 技术路线主要覆盖数据生命周期中的存储、使用、传输、共享几个部分，通过数据安全治理框架，解决了数据发现与分类标记之后，配合不同部署方式和技术路线，DLP 可以覆盖整个数据生命周期的全部环节。

（2）以人为中心的内部威胁检测

现有的威胁防护手段主要针对外部攻击，却忽略了内部人员的潜在威胁。内部员工已成为保护企业重要数据的薄弱环节，因为对内部员工的社交攻击往往无法被安全网关检测到。Gartner 认为要改变安全现状，需要建立以人为中心的安全策略，将企业的安全防护重心倾向于强化人的责任和信任，弱化控制型、阻止型防护手段。

内部威胁防护是一种新的安全防护模型、它以人为中心、以数据为目标，通过数据内容分类和用户行为分析，很好地解决了传统 DLP 技术误报率高、预警滞后的问题。

① 用户行为建模。传统的 DLP 只关注数据内容和数据外传的通道，而数据本身是不会自己移动的，是人移动的数据，因此更应该关注人的行为，特别是人对数据的操作行为。传统 DLP 与用户实体行为分析（UEBA）技术相结合，在敏感数据内容监控的基础上，对内部用户的操作行为进行基线建模，根据异常行为分析和风险变化动态调整数据安全策略，达到用户、数据之间综合分析，发现未知数据泄露渠道，提前感知数据泄露风险的效果。

② 数据检测与响应。对内容的理解和对通道的覆盖决定了 DLP 仍然是解决内部威胁、数据泄露风险管控的主要技术。传统的企业 DLP 技术在结合了用户行为建模与分析后，由于缺少对内部威胁行为的快速响应，仍不足以防止内部威胁，因此数据检测与响应（Data Detection and Response，DDR）技术应运而生。DDR 技术只关注与数据相关的检测与响应，通过网络和终端两个层面对数据内容和数据操作行为的信息进行收集和建模，对异常用户行为进行自动感知并按照策略执行对应的防护动作，可以提前阻止数据泄露行为的发生。同样的操作，由于人员风险等级不同，执行的管控策略也可能不同，并在终端执行自动响应动作。

DDR 技术将传统 DLP 的防护范围向内推进，起到了提前预警的作用，同时降低误报率，便于溯源取证。与传统 DLP 模型相比，DDR 模型综合了数据风险和行为分析，并具有很好的终端感知与联动能力，可以有效防止特权账户滥用、账户被盗等带来的数据泄露风险。

第五章　云计算网络信息资源与大数据技术研究的优点与不足

本章内容为云计算网络信息资源与大数据技术研究的优点与不足，介绍了云计算技术与大数据技术优点分析、云计算技术与大数据技术不足分析、云计算技术与大数据技术未来发展规划三方面的内容。

第一节　云计算技术与大数据技术优点分析

一、云计算技术优点

（一）高性价比

现在分布式系统的第一个优点就是它具有比集中式系统更高的性价比，不到几十万美元就能获得高性能计算。在海量数据处理等场景中，云计算以 PC 集群分布式处理方式替代小型机加盘阵的集中处理方式，可有效降低建设成本。

在激烈的商战中，守法赚钱当然是第一位的，但是省钱也是另一种"生财之道"。很多 IT 企业都遭遇过这样的尴尬，硬盘坏了，想再去买一个新的，可是原来那种接口的硬盘绝版了，只能一狠心将所有的硬盘全都换掉，即使找到原来那种接口的硬盘换上了，还得做数据迁移，真是麻烦又花钱。而使用云存储就省事多了，文件是放在同一个硬盘里，存取不需要配合其他硬盘的读写，任何硬盘都可以兼容，旧有的投资不会浪费，硬盘坏掉，随便买一个插上即可使用，也不需要从原厂采购，甚至公司内部淘汰的服务器都可以并入云存储中，这大大延长了硬件的使用期限，也降低了成本。

（二）应用分布性

云计算的多数应用本身就是分布式的，如工业企业的应用，管理部门和现场本来就不在同一个地方，云计算采用虚拟化技术使跨系统的物理资源统一调配、集中运维成为可能。管理员只需通过一个界面就可以对虚拟化环境中的各个计算机的使用情况、性能等进行监控，发布一个命令就可以迅速操作所有的机器，而不需要在每个计算机上单独操作。企业 IT 部门不再需要关心硬件技术细节，而是将关注点集中在业务和流程设计上。

（三）高可靠性

现代分布式系统具有高度容错机制，控制核反应堆就主要采用分布式来实现高可靠性。

（四）可扩展性

云计算提供的资源是弹性可扩展的，可以动态部署、动态调度、动态回收，以高效的方式满足业务发展和平时运行峰值的资源需求。我们都知道，企业的规模是逐渐变大的，客户的数量是逐渐增多的，随着客户的增多，访问量的激增，应用并没有变慢，这些都得归功于云服务商为其提供的存储空间和信息处理能力。当然，网络使用量也不是每时每刻都保持一致的，夜里十二点之后一直到第二天上午的这段时间除了"夜猫子"之外，很少有人上网，而晚上七点到十点的黄金时间段，网络使用量又会达到峰值。"云"里的资源都可以动态分布，人多的时候，调配来的资源也会相应增多，不会浪费。

（五）高利用率

云计算通过虚拟化可以提高设备利用率，整合现有应用部署，降低设备数量规模。千千万万的电脑都是开着的，可是真正的使用率又是多少？我们可能只是开着电脑听歌，或者只是在写文件，CPU 的利用率不到 10%，甚至有时候我们只是开着电脑耗电而已。可以设想，如果每一台电脑都在浪费90%的资源，那这一浪费总量该是多么惊人！云计算和虚拟化结合在一起，就可以避免这样庞大的资源浪费。

在客户眼中，似乎有处理文档的服务器、邮件服务器、照片处理服务器等，但其实这些都是一台服务器完成的。云计算和虚拟化结合，提高了设备利用率。

减少设备规模、关闭空闲设备资源等措施将促进数据中心的绿色节能。在中国，电力大多是靠煤炭烧出来的，而所有的硬件设施都是要靠电"活着"。云计算减少了设备的数量，减少了用电量，从而更加节能环保。

二、大数据技术优点

（一）紧跟时代潮流，前途潜力无限

大数据是时代进步的产物，它的出现是突然的，也是必然的，与大数据相关的领域发展前景都非常好。

（二）学习有趣

大数据并不像其他开发语言那样枯燥，在学习大数据的过程中，虽然涉及的知识点比较多，像Java、Python、Hadoop、Spark等，但集中起来却非常有意思。

目前大数据技术发展虽然在初级阶段，但是发展势头很猛，未来也会有更多的行业涉足大数据技术的开发与运用，大数据发展前景广阔。

第二节 云计算技术与大数据技术不足分析

一、云计算的挑战

尽管本书在第四章中总结了云计算技术的优势，但是云计算的大部分优

势都是相对于传统计算的优势。事实上，无论是这些优势本身，还是云计算的其他方面，都或多或少都存在一些缺陷。这些缺陷，既使得云服务商不能更高效地管理云平台，又使得用户不能获得更好的云服务。在未来，如何解决这些缺陷是云发展中至关重要的技术挑战，云计算中存在的技术挑战及其影响大致分为八点。

（一）可靠性、稳定性还远远不够

云服务可靠性和稳定性的问题主要体现在两个方面：一是云服务在高峰时段，满负荷、断电等问题所带来的服务不可靠；二是用户没有持续的网络连接导致服务不稳定。

首先，从服务商的角度来看，在高峰时段，云服务器往往是满负荷的，这会导致服务器的使用大打折扣。这虽然可以通过采取一些措施去部分解决，但不可能完全杜绝，毕竟没有哪一家云服务供应商敢承诺自己的云服务的可靠性是100%。如今，云服务的可靠性通常以"4个9"的指标来衡量，即99.99%可靠，这意味着一年里可能有大约1.09小时发生故障。但一旦发生故障，对企业、用户带来的损失将不可估计，也无法挽回。此外，云计算的服务器大多采取集中式管理，空调制冷、持续供电等问题都有可能引起服务器故障，这都是可靠性现存的问题。其次，从用户角度来看，如果没有持续的网络连接能力，即脱机环境下，用户想访问云服务器是不可能的。云计算的服务器可能分布在世界各地，用户只能通过互联网来存储、访问应用程序和文件。如果互联网连接中断，就意味着云端应用程序无法工作，也意味着用户无法访问云端。因此，在互联网访问速度慢或连接不稳定的区域，如何保持持续、稳定的云服务是一个值得注意的问题。

（二）存在隐私、安全等问题

无论对于企业还是个人而言，隐私保护、数据安全都是极为重要的硬性需求。当下，用户的数据统一存放在云端，服务商能够获得云端的每一条数据。随着大数据时代的到来，海量数据的处理、分析不再是难事，这带来的潜在危险就是，通过数据去定位用户也变得容易，即数据不能做到完全的匿名化来保护隐私。

另外，用户在互联网世界受到黑客攻击简直是家常便饭。对于用户而言，如何保证数据不被其他人恶意泄露和利用是个很大的安全问题。当前，不仅有很多数据公司倒卖用户的数据，也发生过很多云端被攻击导致用户数据外泄的事件。这都是在对云服务供应商、用户敲警钟，提醒他们云端其实并没有想象之中那么无懈可击，数据随时都有被其他人利用的风险。当下唯一的解决办法就是不将具备竞争优势或包含用户敏感信息的数据放在公共云上。除此之外，用户的数据隔离也是一个重要的安全性问题，必须保证数据之间不会相互干扰。

（三）"先行者"对标准化态度不积极

如果用户没有将业务绑定在一个数据中心或云端，当他进行多"云"之间数据维护、应用版本同步，或者"云""云"之间业务迁移、互操作时，最理想的状况是存在一种方法，能够将多个"云"的数据中心抽象为一个数据中心，使得各"云"之间的操作都相同。这种方法被称为标准化，它能有效降低各"云"之间应用、操作的复杂性。

标准化的实现能够减少版本兼容带来的问题。由于开发应用的环境千变万化，云服务不可能提供所有的平台环境来支持应用，只能提供软件的主流版本供用户搭建开发环境。如果开发环境与平台环境不一致，则很有可能出现兼容性问题，影响应用的运行，标准化正是解决这一问题的有效手段。

标准化还是维护云市场秩序、避免业务垄断和用户锁定的重要基础。"云"间的业务迁移需要在提供同类云计算业务的供应商之间定义标准化的业务、资源、数据描述方式，这也产生了大量的标准需求。如果云服务供应商不对外公开其标准化接口，则会造成业务垄断，导致用户只能使用该企业的云服务，阻碍了云计算市场的"公平竞争"，极不利于新兴云计算公司的发展。

然而，一些云计算的"先行者"最初对于标准化的态度并不积极。2009年3月底，由IBM公司发起，包括IBM、EMC、思科、红帽、VMware等在信息业内知名的数十家企业和组织，共同签署了一份《开放云计算宣言》，为开放云计算制定若干原则，以保证未来云计算的互操作性，但该宣言却遭到了微软、亚马逊、谷歌、Salesforce等云计算"先行者"的抵制。正是由于企业的企业文化、利益驱使不同，标准化才迟迟不能实现。

（四）按流量收费会超出预算，实际总成本不可估计

虽然推出云产品时，云服务供应商会大力宣传其按需使用、按流量付费等特点，但是这将不可避免地带来两个潜在的问题。

一是大部分云服务的价格普遍偏高，并且目前还没有降低的趋势，这样对某些企业的发展会起到不利的效果——往往会导致其支付更多的费用。当下，很多大型企业每天产生的数据量都已达到TB级别，如果这些数据全部放在云端读取、处理，所需的计算能力会异常庞大。这也直接导致了承包企业的成本预算不容小觑，甚至有可能超过购买基础设施的一次性费用。

二是即使存在小部分云服务的价格能够被大众接受，但是随着时间的推移，实际总成本也会变得很高。由于基础设施并不属于承包企业自身，企业只能通过持续付费来获取相应的服务，因此云服务往往只能作为企业发展的一个阶段性、临时性的计划，而不能作为长久的发展之计去执行。

（五）技术至今还不够成熟

云计算技术至今仍然没有完全成熟，没有发展到最佳状态，诸多性能上的问题还有待完善。例如，在未来，更高的可用性、更快的可伸缩性和更强的性能等方面的研究是云计算的重要挑战之一。

可用性类似可靠性，指在一段时间内，云服务正常提供服务的时间占总时间的比重。当下，为了更高的可用性，服务供应商正在研究常见故障的分析及预测模型。基于这些研究，云服务商希望能够预测到可能出现的可用性

问题，并通过提前备份、提前解决故障、通知用户等手段来避免或减少这些故障的发生。

具有可伸缩性的云服务，是指当云端负载发生变化时，能够通过增加或减少计算资源来保持性能一致。关于可伸缩性的研究主要涉及两方面：垂直伸缩和水平伸缩——垂直伸缩是通过调整单个虚拟机的计算资源来保持性能，水平伸缩则是增加或减少虚拟机的总数。更快的可伸缩性指必须保证实时性，即尽可能短的响应时间，负载一旦发生变化，立即对云服务进行调整。

此外，云服务还需要尽量减少虚拟化问题带来的性能开销。目前流行的半虚拟化系统中，如 Xen 和 VMware ESX，虚拟机管理系统虽然只会带来少量的额外 CPU 开销，但内存和 I/O 的性能开销比较严重。对于现在的虚拟化技术来说，原有的 CPU 密集型的应用能够比较好地迁移到虚拟化平台，而原有的内存或 I/O 密集型应用，如数据库等，在迁移时就会遇到较大的麻烦。

（六）法律不统一、不健全

云计算的服务器往往具有跨地域性，这意味着服务器可能分布在不同地区，甚至是不同国家。由于各个国家或地区的法律法规各有不同，并不存在一套令全球政府都满意的通法。因此，当跨国或跨地区合作时，如果国与国之间关于云计算的法律有冲突，遵循哪个国家的法律是一个必须要考虑的问题。

对于网络安全这一部分，由于涉及的细节问题太多，法律往往不能完全覆盖，这很有可能导致部分企业、个人打法律的擦边球，在一些法律未曾涉及的区域损害他人的利益，或为自己谋取更多的利益，如第三方数据公司进行用户数据倒卖。此外，由于虚拟化等技术引起的用户间物理界限模糊可能导致的司法取证问题也不容忽视。这些现存的问题都说明，如何在法律上限制云计算以保证云计算不被不法之徒利用，也是云计算在未来发展中需要重视的问题。

（七）企业的自主权降低

在云计算领域中，企业自主权一直以来都是一个有争议的话题。出于对知识产权、数据安全、隐私保护等方面问题的考虑，每个企业都希望能对自身业务进行完全的管理和控制。在传统计算模式中，企业可以搭建自己的基础架构，每层应用都可以进行定制化的配置和管理；至于公共云平台，企业不需要担心基础架构，也不需要担心诸如安全、容错等方面的问题，这些问题的维护都将转交给云服务供应商。这似乎是一件好事，但也会让企业感到担忧，毕竟曾经熟悉的业务流程突然变成了一个"黑盒"——企业自主权受到极大限制，不能再按照自身需求去定制应用与业务。众多云服务供应商虽然也都推出了一些方案进行补救，但这个问题依然没得到根本性解决。

（八）环保问题尚未解决

不可否认，相对于传统技术，云计算确实起到了对环境进行保护的作用。但即使如此，云服务还是会消耗大量能源（水、电等），并排放出巨量的二氧化碳。在云服务的数据中心，除必备的服务器外，还需要配有照明设备、后备电源、制冷空调等设备，要保证其检修、供电和散热正常，以避免服务中断。这消耗大量的水、电能源，直接后果就是导致了大量碳排放。

随着数字化社会不断推进，全球出现越来越多的数据中心，IT 能源消耗增长速度也越来越惊人，年增幅为 8%～10%，远高于全球平均能耗 2%的增长率。当前，全球 IT 业碳排放量已经占到全球碳排放总量的 3%～5%。此外，信息和通信技术的总耗电量大约占全球耗电总量的 8%，其中清洁能源占比较少。例如，美国互联网巨头亚马逊公司被绿色和平组织称为"最肮脏"的云计算服务厂商之一，在其名下的 AWS 的能耗中，清洁能源只占 15%，其余能源来自煤炭、核电和天然气。为了未来的可持续发展道路，构建绿色网络刻不容缓，其核心内容就是降低能源消耗及碳排放量。

二、大数据的挑战

随着大数据蕴含的社会、经济、科学研究的价值不断被挖掘出来，世界各国政府、学术界以及工业界不断加大对大数据研究和分析应用的投入，使大数据的战略地位逐渐从普通的商业地位提升至国家战略地位。但是作为一个新兴的行业，大数据在带来巨大机遇的同时，也面临着诸多复杂而艰巨的挑战。大数据有着诸多与传统数据迥然不同的特征，如规模巨大、多源异构、动态增长等，但是与传统数据类似，大数据的处理也包括采集、存储、处理和传输等技术的实现步骤。这使得大数据从底层的采集、存储到上层的分析、可视化等问题都面临着一系列新的挑战。

（一）大数据管理

数据科学家正在面临处理大数据时的许多挑战，其中一个挑战是如何以较少的软/硬件资源采集、集成和存储来自于分布源的大数据集；另一个挑战是如何有效地管理大数据以便提取数据中的内涵以及使付出的成本最低。事实上，良好的数据管理是大数据分析的基础，大数据管理意味着为了可靠性而进行的数据清洗，对来自不同信息源的数据进行聚合，以及为了安全和隐私所进行的编码，这可以确保高效的大数据存储和基于角色访问多个分布端点。换言之，大数据管理的目的是确保数据易于访问，可进行数据管理、数据的恰当存储以及保证数据的安全等。

（二）大数据清洗

对数据进行清洗、聚合、编码、存储和访问，这五个方面不是大数据的新技术，而是传统的数据管理技术。大数据面临的挑战是如何管理大数据的快速、大容量、多样性的自然特质，以及在分布式环境中的混合应用处理。事实上，为了获得可靠的数据分析结果，在利用资源前对资源的可靠性以及对数据的质量进行证实是必不可少的。然而数据源可能包含噪声或不完整数据，如何清洗如此巨量的数据集以及如何确定数据是可靠的和有用的都是当前面临的挑战。

（三）大数据聚合

外部数据源和大数据平台拥有的组织内部基础设施（包括应用、数据仓库、传感器、网络等）间的同步也是面临的一个挑战。通常情况下，仅仅分析内部系统中产生的数据是不够的，为了提取有价值的内涵和知识，将外部数据与内部数据源聚合起来是重要的一步。外部数据包括第三方数据源，例如，市场波动信息和交通条件、社会网络数据、顾客评论与反馈等，这些将有助于优化分析所用的预测模型。

（四）大数据的不平衡

对不平衡数据集进行分类也是它面临的一个挑战，在近几年大数据研究中受到了广泛的关注。事实上，大数据实际应用可能产生不同分布的类别。第一类别是具有忽略事例数目的不充分性的类别，称为少数或阳性类；第二类别是具有丰富的事例，称为多数或阴性类，在诸如医疗诊断、软件缺陷检测、金融、药品发现或生物信息等多个领域中识别少数类别是非常重要的。经典学习技术不适用于不平衡数据集，这是因为模型的构建是基于全局搜索度量产生的，而没有考虑事例的数量。全局规则通常享有特权而不是特定规则，在建模时忽略了少数类。

因此，标准学习技术没有考虑属于不同类的样本数目间的差异。然而，代表性不充分的类可能构建了对重要事例的识别。在实际中，许多问题的域具有两个以上的不平衡分布，如蛋白质折叠分类和焊缝缺陷分类，这些多类不平衡问题产生的新挑战是不能在两类问题中被发现的。事实上，处理具有不同误分类代价的多类任务比处理两类任务要难。为了解决这个问题，目前已研究出了不同的方法，并将其分为两类：第一类是将某个二元分类技术进行扩展，使其可应用于多类分类问题，例如，判别分析、决策树、k-最近邻法、朴素贝叶斯、神经网络、支持向量机等。第二类称为分解与集成方法，它首先将多类分类问题分解为一类，进而转变为由二元分类器（BCs）解决的二元分类问题，然后在此分类器的预测上应用聚合策略分类新的发现。

（五）大数据分析

大数据给各行各业带来巨大机遇和变革潜力，也给利用如此大规模增长的数据容量带来了前所未有的挑战。先进的数据分析要求理解特征与数据间的关系，例如，数据分析使得组织能够提取有价值的内涵以及监视可能对业务产生积极或消极影响的商业伙伴，其他数据驱动的应用也需要实时分析，如航行、社会网络、金融、生物医学、天文、智慧交通系统等。所以，先进的算法和高效的数据挖掘方法需要得到精确的结果，以此监测多个领域的变化并预测未来。大数据分析依然面临着多种挑战，包括大数据复杂性、收缩性要求以及对如此巨量的异构数据集所具有实时响应的性能分析。

第三节　云计算技术与大数据技术未来发展规划

一、云计算的未来发展规划

（一）云计算的发展趋势

随着互联网设备越来越多，我们正进入一个"人—机—物"融合、万物互联的时代，如何对各种网络资源进行有效的管理，如何应对各种各样的应用需求，使应用支撑和资源之间能够更好地沟通，是未来云计算技术需要着重解决的问题。

未来云计算的发展趋势可以用五个字来概括："四化一提升"，其中，"四化"指资源泛在化、计算边缘化、应用领域化和系统平台化，"一提升"指服务质量的提升。

1. 资源泛在化

在未来"人—机—物"融合的世界里，计算资源多种多样，需要充分发挥各种资源的能力。在移动互联网的驱动下，云和智能终端开始融合，未来还会涉及物联网节点的融合。新的云端融合的云计算体系架构正在形成，简单地侧重使用某一端资源的行为已经不再适用。按需，即动态可变地使用客户端和服务器资源，是云计算架构发展的又一新趋势。

从资源管理的角度看，较为理想的云端融合指以云计算和智能终端为主体的互联网上的存量和新增的资源均可以被任意（授权的）软件使用。一方面，客户端和服务端的软件、硬件资源和能源可以在两端实现合理分布和应用，两端的数据和独特资源也可以实现共享；另一方面，未来的"云"不仅需要支撑现在移动互联网的智能手机和平板电脑等终端，还需要支撑物联网所承载的各种各样的联网设备。在这样一个泛在化的网络环境下，面向各种海量新硬件的云资源管理将会面临很大的挑战。

除了云端融合，未来还会有越来越多的新型硬件进入云平台。在服务器硬件方面，RDMA、NVM 等新型硬件设备开始进入应用，如 MS Azure 推出支持 RDMA 的高性能虚拟机，机器学习、数据挖掘等专用计算架构也开始出现，各种类脑/神经网络/深度学习专用芯片开始上市。如何及时地有效管理和利用新的硬件设备和硬件架构，充分发挥其效能，是云管理平台的一项重要任务。在终端硬件方面，新型传感器设备种类繁多且数量巨大，从摄像头到 GPS 定位，从监测血压、测量海拔高度到光陀螺仪等，如此海量的传感器能否在云平台上实现统一管理，这也是新型云平台将面临的挑战。

在资源泛在化的背景下，云计算还呈现出多尺度和差异化的现象，公共云、私有云、混合云并存；既有少量规模庞大的大型云，更有大量的利用已有资源的微型云；有实体云，还有基于实体云的虚拟云、联盟云。未来跨云计算的需求也将越来越突出，如何跨越多云为应用提供服务，实现多云之间的开放协作和深度合作，也是资源泛在化背景下的一个重要课题。

针对多云协作的问题，我国学术界和产业界共同提出的新的云计算模式——云际计算，以云服务实体之间开放协作作为基础，通过多方云资源深度融合，方便用户和开发者通过"软件定义"的方式去定制云服务、创造云价值，力求实现服务无边界、云间有协作、资源易共享、价值可转换的云计算愿景。云际计算是下一代云计算研究的一个代表性尝试。

2. 计算边缘化

随着智能终端设备在全球全面普及，在不远的将来，物联网将覆盖地球上的每一个角落，那时每时每刻都会产生海量数据。如何高效处理大数据也使计算边缘化迅速成为云计算的一个重要发展趋势。

计算边缘化的发展趋势可总结为从云计算到雾计算，再到当下异常火热的边缘计算（Edge Computing）。相对于飘浮在天空、遥不可及的云计算（云端服务器通过集中式管理），雾计算可以简单地理解为本地化的云计算，其通过分散式的设备组成，例如，每个路由交换机、Wi-Fi 信号发射器等设备都可以随时随地进行云计算，如同雾一般无处不在，贴近地面，就在你我身边，我们可以更快地感知其存在——响应服务时延更低。

如果将雾计算的处理端再进一步，直接通过数据源来处理数据，就演化为边缘计算。边缘计算也是一种分散式运算的架构，它将应用程序、数据资料与服务的运算，由网络中心节点移往网络逻辑上的边缘节点进行处理。传统云计算与边缘计算区别明显。边缘计算将原本完全由中心节点处理的大型服务加以分解，切割成更小与更容易管理的部分，分散到边缘节点去处理。边缘节点更接近用户终端装置，可以加快资料的处理与传送速度，减少延迟，满足用户在实时业务、应用智能、安全与隐私保护等方面的基本需求。在这种架构下，资料的分析与知识的产生更接近于数据资料的来源，因此更适合处理大数据。

计算边缘化的显著特点之一就是去中心化。相对于传统云计算集中式的大数据处理，边缘计算更加注重边缘式大数据处理。这表明数据不用再通过繁琐的步骤先传输到遥远的云端，处理之后再将结果反馈，而是直接通过数据收集的边缘设备进行即时处理，这种方式极大地减少了设备在收集数据和获得结果之间产生的服务时延，优化了用户体验。那时，每个人的每台终端设备都相当于一台完整的云端服务器。但是，计算边缘化并不意味着完全和中心云端服务器断绝联系，在云端，仍然可以随时访问边缘计算的历史数据。

计算边缘化的产生对于缓解未来网络流量压力、节约中心服务器能耗、减排等方面都会产生较为积极的影响，可为构建绿色网络产生一定的启示。不仅如此，边缘计算也从根本上规避了数据在传输过程中产生的安全问题，为未来云计算的隐私、安全问题加上了一把牢固的锁。

3. 应用领域化

应用领域化指面向各个领域、各种应用需求的领域云、行业云等将会不断出现，这将催生更多为特定功能、特殊需求而量身打造的云服务。例如，支持电力的"云"、支持医疗的"云"、支持交通的"云"等。

随着云计算底层支撑技术的日益成熟，云计算的关注重点将转移到对上层应用的支撑。面向特定领域需求，提供支撑应用开发、运行的 API、解决方案及其一体化环境，以支撑更多云应用，这是云计算发展面临的新挑战。可以预见，领域云、行业云等专用云平台未来将具有广阔的发展空间。

应用领域化的一个重要技术是具备云感知能力的软件服务。早期的信息系统是紧耦合一体化的，应用自我建设、自我包含，业务处理功能难以分割；软件即服务概念的提出催生了 SOA（面向服务架构）体系，用于实现松耦合的分布式应用，应用建设依赖于互联网上的"粗粒度"服务，业务处理功能分散存在于互联网上。

而云计算的新发展正在催生 SaaS2.0。在 SaaS1.0 阶段，更多地强调由服务供应商本身提供全部应用内容与功能，应用内容与功能的来源是单一的；而在 SaaS2.0 阶段，服务供应商在提供自身核心 SaaS 应用的同时，还向各类开发合作伙伴、行业合作伙伴开放一套具备强大定制能力的快速应用定制平台，使这些合作伙伴能够利用平台迅速配置出特定领域、特定行业的 SaaS 应用，与服务运营商本身的 SaaS 应用无缝集成，并通过服务运营商的门户平台、销售渠道将其提供给最终企业用户使用，共同分享收益。在 SaaS2.0 中，各种服务应用充分利用"云"提供的 API，基于"云"所提供的服务或微服务进行构建，服务应用运行在"云"中，同时感知云环境中各种资源的变化，提供优化的服务质量。

4. 系统平台化

云计算的另一个重要趋势是系统平台化，云计算支撑系统呈现出从云资源管理系统向云操作系统演化的趋势。虽然"云操作系统"的概念用得比较多，但没有达到预期的操作系统的形态和能力。什么是操作系统？可简单理解为向下管理资源，向上提供服务。例如，单机操作系统基本由两大功能构成：管理资源和管理作业。目前，云管理系统的主要作用是管理云的资源，以支撑各种应用的运行。未来云操作系统除了要管理云资源，还要管理云上各种各样的作业，其理念和单机操作系统相似，是系统平台化之路共性不断凝练和沉淀的结果。相比于计算机发展初期应用直接运行于硬件构成的物理机之上，操作系统的出现实际上是为应用提供了一台"软件定义"的计算机，应用运行在操作系统之上；到了网络时代，应用开始运行在中间件和相应的应用框架之上。云管理系统的共性理念是什么？我们的理解是：应包含云操作系统、单机操作系统、各种各样的应用容器和中间件，以支撑各类云服务。要实现真正意义上的云操作系统，需要向下管理所有云端和终端的资源，向上对多样化的资源应用需求提供相应的API 服务。

云操作系统的发展面临着哪些挑战？在现阶段，需要应对复杂多样的应用需求，将传统应用无缝云化，需要支持基于互联网的多终端一体交互方式，以及云内海量异构资源的有效管理等。更进一步则需要更好地向上支持应用，探索原生云应用的运行与构造技术，研究开发新型程序设计模型和相关的编程语言，设计云作业的统一调度和管理机制，进行跨云和云际资源的按需整合，实现云服务的自主协同等。

在整个云资源的管理与定制方面，软件定义是一个重要的途径，通过软件定义方式可以完成深度定制，以管理各种各样的资源，包括：分布式资源的高效融合、巨量资源弹性调配、极端硬件特性和移动硬件特性的虚拟化、集约化的资源便捷共享、可定制化的系统软件栈、终端和云端的融合协作等，为从微型虚拟机、小型虚拟机到满足更大需求的巨型虚拟机提供宽谱系的管理支撑。

5. 服务质量的提升

服务质量的提升可以用三个词概括——更高、更快、更强壮。其中，"高"意味着支持高吞吐，需要聚合大规模资源，提供海量数据的处理能力，实现高吞吐并发访问。支持高吞吐是很多云应用的需求，例如，淘宝每年"双十一"的巨量交易、12306网站高峰时的巨量访问，以及其他各种各样的面向大规模社交数据的跨地域分布式存储系统等，都对高吞吐有很大的需求。

在高吞吐的前提下还要实现"快"响应，也就是在提供高吞吐的同时显著降低请求的响应时间，提升用户体验与服务质量。这方面的需求在现实中也很多，在销售过程中，每降低100毫秒延迟可以换来1%销售额的提高；网页加载延迟1秒平均将导致7%的客户流失，减少11%的网页访问量和16%的客户满意度；增强/虚拟现实（AR/VR）需要在1毫秒内完成场景的构建等。基于云的大量应用形态能否获得成功或提供更高的使用质量，实现快响应是其中的关键。要实现快响应，云架构和软件栈的低延迟设计就尤为重要。云计算应用的延迟主要包括两个方面：一是网络带来的延迟，二是云中心带来的延迟。按当前统计来看，二者大约各占50%。应对网络带来的延迟涉及带宽的提升，需要数据中心的合理分布，以便用户尽可能访问就近的数据中心；应对云中心带来的延迟则需要对基于分层的云计算软件栈进行垂直整合，当前云软件栈主要面对高吞吐设计，在低延迟尤其尾部延迟方面有明显不足，因此技术上还有很大的发展空间。

更"强壮"体现在更好的可靠性和可用性保障。云计算的规模和复杂度的快速增长要求更为全面的质量保证：一方面，数据中心规模不断增长，规模部署成为事实，高度集成的云计算环境故障越来越多，故障带来的损失也越来越大；另一方面，虚拟化构成的弹性资源池快速增长、组织复杂，增加了管理的复杂度；再一方面，越来越多的机构计划采用云计算平台，持续发展的业务种类导致了需求多样性。在这种情况下，如何实现高可靠和高可用的云计算系统成为一个重大的挑战。当前已有各种技术研发和尝试，诸如采用非易失性内存来提升内存计算中数据的可靠性和可用性、使用分布式 UPS 替代传统集中式 UPS 以保证电源供给、在系统级支持虚拟机/容器的状态同步和动态迁移，以及在应用层次上的数据并行计算和图并行计算系统及机制等。

（二）云时代的机遇

云计算经过多年的技术经验积累和不断探索发展，已成为全球信息产业发展的主流。当下，云计算带来的不仅仅是技术上的变革，也催生出许多新的商业模式，它为当下最热门的新兴技术提供高效的解决途径，为信息产业发展和各行业应用带来了前所未有的机遇，重塑着经济发展与商业竞争的新格局。无论对于政府、企业，或是个人，云时代都必将是一个充满机遇的时代。

面对发展阶段的诸多问题与挑战，相关政府部门与企业都应当把握住以下四点机遇。

1. 云计算技术本身带来的机遇

单从云计算技术本身来讲主要有两点：云挑战带来的机遇和企业传统业务数据化转型带来的机遇。

首先，云计算尚未解决八大挑战，这些云挑战的存在，既使云服务商不能更高效地管理云平台，又不利于用户获得更好的云服务。从本质上讲，这些挑战部分来自管理层面，如法律、企业自主权等，其余部分则是要求对云计算技术本身进行的一些优化，如安全性、节能性、多云融合等问题。这些挑战会给产业界乃至学术界带来全新的机遇：对于产业界，高效、合规、可靠的云服务往往能在产品竞争中掌握先机；对于学术界，更优的研究成果或解决方案，既能投入业界实践落地，又能使其本身成为该领域的学术龙头，在未来的研究中先人一步，进而加速世界云计算的发展。

其次，随着企业的规模慢慢变大，传统业务已逐渐不能满足企业客户的需求，迫使企业必须走向更加动态、更加灵活的 IT 服务趋势。同时，市场、企业的发展与需求瞬息万变，这导致企业持续面临新的挑战，如海量数据存储、分析与 IT 信息解决方案等。而云计算弹性服务、按需付费等特点及云服务供应商所能提供的一些特定场景的解决方案，无疑可以帮助传统企业快速应对这些影响和变化，实现向数字化业务的转型。因此，面对传统业务即将来临的挑战，云计算是企业在转型中必须要把握的机遇。

毫无疑问，未来市场必将由云计算主导，各行各业都必将使用云计算技术来实现数字化转型。如果企业不把握云计算技术所带来的机遇，即快速利用云计算技术实现业务的转型，那么将丧失在速度和灵活性等方面升级的机会，也就意味着将进一步错失市场商机，逐渐被市场淘汰。反之，企业若能快速完成数字化转型，则能进一步适应市场。对于企业来说，云计算技术本身是挑战也是机遇。

2. 国内云计算发展特有的机遇

我国云计算具有四个特点：（1）我国拥有世界上最多的网民，以及最多的网购消费者，且增长率很高；（2）我国拥有全世界最好的蜂窝网络，信号覆盖全国面积的 95%；（3）我国拥有世界上最多的突发请求的超级应用；（4）我国在移动网络、行业数字化（如物联网、边缘计算等）、电子游戏、网络贸易等方面有着最快的创新能力。

正因如此，中国的云计算与其他国家有很大不同，这要求我国云计算未来的发展方向应当面向超级应用、深度集成/优化、高度可扩展的基础设施，为我国企业、教育、科研等行业发展提供明确的方向与机遇。同时，由于网民人数众多，在解决超级应用的突发请求问题上，我国的应用场景在世界上都是特殊的。例如，淘宝、微信等应用程序每天为数亿人提供服务。由于需要这些应用程序的并发性，因此不能通过简单地重用 OpenStack 等开放源代码来完成云基础架构。阿里巴巴、腾讯等供应商倾向于构建自己的基础架构，并对其超级应用程序进行大量优化。由此，该解决方案在企业环境的背景下成功落地，将工业环境下如何应对突发请求的研究推向新的高度。

近年来，我国政府高度重视云计算产业的发展，不仅将云计算列为新一代信息产业的重点发展领域，还推出了一系列规划和政策措施予以支持，包括加快云计算技术研发的产业化、组织开展云计算应用试点示范等。这不仅给予产学研等领域在政策与资金上的大力支持，也为其提供了更好的发展环境。各行各业若能成功把握这一机会，就能掌握未来云计算发展的风向标，快速在发展中建立优势。

3. 新兴技术带来的机遇

云计算作为底层基础技术，能为人工智能、边缘计算等新兴技术的数据处理与分析提供有效的解决方案。云计算市场的共识是：未来云计算的研究重心将围绕人工智能、物联网、虚拟现实，以及区块链等新兴领域展开。这为云计算企业和新兴技术企业提供了前所未有的机遇。

目前，世界上的各大信息行业巨头，不管是亚马逊还是微软、谷歌，亦或是国内的阿里巴巴等，都在技术的发展路径上遵循同一规律，即在深度布局云计算服务的同时，积极涉足大数据、人工智能等新兴领域的探索与研究。

这些互联网巨头深知，新兴技术可以帮助他们创造全新产品、开拓全新市场、改善客户体验并获得更多的利润。由于技术创新与发展的高速度，它们必须要推动新兴技术的发展而不是坐吃山空。因此，所有的云服务商均发力于人工智能、物联网、虚拟现实和区块链等新技术领域，它们希望通过新兴技术带来的机遇抢占云市场发展的先机。

4. 云生态圈带来的机遇

数字化转型，作为当下各行各业发展与升级的必然趋势，虽然为云计算领域带来巨大的机遇，但数字化转型的需求并非某一两个厂商就能完全满足的。对于大型企业来说，它们需要的不仅是云服务供应商，更需要深度的合作伙伴。

对于云计算厂商来说，如何构建庞大的云生态圈，既是满足行业数字化转型需求的必然选择，也是其自身在云计算领域脱颖而出的关键。

而且，云计算本身就是一个庞大的生态圈，从底层的 IaaS 到 PaaS 再到 SaaS，几乎没有一家企业能够覆盖整个云计算领域，通过与生态伙伴合作为用户提供更加完善的云计算服务，已经成为云计算行业发展的必然趋势。如何使得业务覆盖更多领域，建立更大的云计算生态圈，也是每个云计算厂商正面临的问题。

（三）未来规划部署

2019 年的《政府工作报告》中指出未来发展阶段诸多方面的工作总体部署，要求坚持创新引领发展，培育壮大新动能，发挥我国人力人才资源丰富、国内市场巨大等综合优势，改革创新科技研发和产业化应用机制，大力培育专业精神，促进新旧动能接续转换。其中，涉及云计算领域的主要包括以下几方面。

（1）推动传统产业改造提升。强化质量基础支撑，推动标准与国际先进水平对接，提升产品和服务品质，让更多国内外用户选择中国制造、中国服务。

（2）促进新兴产业加快发展。深化大数据、人工智能等研发应用，培育新一代信息技术、高端装备、生物医药、新能源汽车、新材料等新兴产业集群，壮大数字经济。坚持包容审慎监管，支持新业态新模式发展，促进平台经济、共享经济健康成长。加快在各行业各领域推进"互联网＋"，持续推动网络提速降费。开展城市千兆宽带入户示范，改造远程教育、远程医疗网络，推动移动网络基站扩容升级，让用户能够切实感受到网速更快更稳定。

（3）提升科技支撑能力。健全以企业为主体的产学研一体化创新机制。扩大国际创新合作。全面加强知识产权保护，健全知识产权侵权惩罚性赔偿制度，促进发明创造和转化运用。充分尊重和信任科研人员，赋予创新团队和领军人才更大的人、财、物支配权和技术路线决策权。我国有世界上最大规模的科技人才队伍，只要营造良好的科研生态，就一定能够迎来各类英才竞现、创新成果泉涌的生动局面。

（4）多管齐下稳定和扩大就业。我们要以现代职业教育的大改革大发展，加快培养国家发展急需的各类技术技能人才，让青年凭借一技之长实现人生价值，让三百六十行人才荟萃、繁星璀璨。

以上，分别从不同角度对云计算进行规划部署：从产业角度，深化大数据、人工智能等研发应用，培育新兴产业集群，壮大数字经济；从科研角度，营造良好的科研生态，进而提升科研人员创新能力；从教育与就业角度，加大人才培养与储备的力度，促进各类人才的就业与发展。产学研三方协同合作，发挥各自优势，形成强大的研究、开发、生产一体化的先进系统，并在运行过程中体现出综合优势。

政府出台的相关政策能够促进产学研三方的共同合作。相应的，产学研也应与政策相结合，快速实现繁荣发展。我们可以从以下四个角度来分析云计算在未来发展阶段的规划部署。

1. 政策角度

在未来阶段，政府的规划部署可涉及以下内容：一方面，政府发布的政策为未来云计算的发展提供总体方向与保障措施；另一方面，由于近年来云端频频出现的安全问题，我国也需制定相关法律法规来保护云端安全和国家信息主权。

（1）政策为云发展提供方向与保障

中国政府很早就意识到云计算是一个大产业链，对整个信息产业的发展有重要作用，但云计算的发展是不可能单靠一家企业来完成的，必须由政府来主导和保障整个云计算产业健康有序的发展。

从云计算在国内兴起到现在，中国政府已经实行了诸多云计划。有些计划由国家提供资金，由学校与企业自由申请，以促进国家云计算的科研与产业化等方面的整体发展，如"863"计划；有些计划通过在城市的应用实践来促进局部地区的发展，如"祥云工程""云海计划"等，或是使用云计算等新兴技术来构建智慧城市，实现城市交通等基础设施的智能化管理，如"城市大脑计划""云脑计划"等。

结果显示，这些云计划都取得了显著的效果，大大推动了我国云计算部分区域学术界及产业链的发展。由此可见，中国政府对于云计算未来的发展起着决定性的作用。

2017 年发布的《云计算发展三年行动计划（2017—2019 年）》，对 2017—2019 年云计算的规划与部署提出了五项重点任务。

一是技术增强行动。重点是建立云计算领域制造业创新中心，完善云计算标准体系，开展云服务能力测评，加强知识产权保护，夯实技术支撑能力。

二是产业发展行动。重点是建立云计算公共服务平台，支持软件企业向云计算加速转型，加大力度培育云计算骨干企业，建立产业生态体系。

三是应用促进行动。积极发展工业云服务，协同推进政务云应用，积极发展安全可靠的云计算解决方案。支持基于云计算的创新创业，促进中小企业发展。

四是安全保障行动。重点是完善云计算网络安全保障制度，推动云计算网络安全技术发展，积极培育云安全服务产业，增强安全保障能力。

五是环境优化行动。重点推进网络基础设施升级，完善云计算市场监管措施，落实数据中心布局指导意见。

关于政府对于云计算发展的保障措施，在行动计划中也提出了以下四点。

一是优化投资融资环境。借推动金融机构提供有针对性的产品服务，加大授信支持力度，简化办理流程，支持云计算企业拓展市场。

二是创新人才培养模式。加大高层次人才引进力度，鼓励部属高校加强相关学科建设，促进人才培养与企业需求相匹配。同时鼓励企业与高校联合开展人才实训。

三是加强产业品牌打造。支持云计算领域行业组织创新发展，加大对优秀云计算企业、产品、服务、应用案例以及产业园区、行业组织的宣传力度。

四是推进国际交流合作。结合"一带一路"倡议实施，推进建立多层次国际合作体系，支持骨干云计算企业加快海外布局，提高国际市场能力。

尽管政策能为云计算的发展提供基本方向与保障措施，但具体落实还是应当在各大企业、高校和研究机构中。

（2）立法保护云计算与国家信息主权

云计算作为最前沿的技术创新，技术的变化往往比法律更迅速，这就可能使法律文本中存在真空地带，有些人会以"技术无罪"的名义利用法律漏洞去获利。

同时，还有可能滋生相关的安全隐患和网络攻击。目前，网络攻击发生的次数逐年增加，如 WannaCry ransomware、CIA Vault 7 黑客，以及 Equifax 数据泄露等攻击表明网络攻击已成为 21 世纪网络发展的一个大问题。

技术带来的法律问题的解决途径，主要是政府和企业应共同为技术创新提供规范框架，使其有法可依。从短期来看，遵守各行业的各项关于云计算的规则不难，但随着时间推移，当各个行业领域都建立了自身的行业规则，一旦某项跨行业云服务需要遵守大量法律法规，规则难免之间会产生冲突，这时就需要政府制定统一法规进行协调。由此可见政府在立法过程中的重要地位，行业也必须与政府加强合作，提高标准化程度。

2. 教育角度

在产学研三方的共同协作中，教育是基础与根本。教育不仅为科研提供主力军，保持科研队伍的活力与合理结构，促进科研走向更高水平，还帮助企业培养人才，向企业输送人才，确保企业人力资源畅通。因此，想要源源不断地提供云计算产业链各环节中紧缺的人才，就必须要通过提高国内教育水平与教育能力来加大人才的培养与储备力度。

云计算技术当下的发展速度极快，这导致传统高校人才培养的体系结构面临新的挑战。总体来说，高校大学生应该在培养创新思维的同时，认清当前信息技术发展趋势，抓住发展机遇；高校不仅需要教学与实践相结合，还要密切关注相关专业领域的发展趋势和热点，及时调整课程体系，更新人才培养模式。具体而言，在未来，云计算人才培养与储备的规划部署主要为以下三点。

（1）创新人才的培养

云计算相关专业的高校学生和企业职工，首先需要对与云计算相关的基础知识有深入、全面的学习和理解、有扎实的知识基础；其次还要能在学习的过程中，努力将自身打造成云计算领域的创新人才，即具有创新意识、创新精神、创新思维、创新知识、创新能力，以及良好的创新人格。

（2）教学团队的建设

师资团队的建设是云计算人才培养的关键因素之一。云计算作为一门新兴的专业学科，对教师的知识结构和教学方式都提出了新的要求。目前，国内只有部分高校开设了云计算相关专业。

在师资团队建设上，教师要重视知识结构的完备性，从而保证学生能够在最短的时间里快速掌握云计算的相关知识和技术。在教学安排上，教师需要注重实践技能的应用性与市场联系的紧密性，通过"项目驱动、任务导向、案例教学"等多样、有效的形式来充分激发学生学习的主动性和积极性，培养学生的创新意识。

（3）课程体系的创新

在云计算人才培养的过程中，高校应当积极开展学科建设和教学模式上的创新。这意味着，一方面，需要在传统学科的结构上进行创新。由于云计算发展速度极快，高校应密切关注云计算领域的发展趋势，及时对热门学科和过时学科进行合理调整。另一方面，需要在云计算专业的教学模式上进行创新，在注重提高人才综合素质的同时，积极探索创新型人才的培养方案。

云计算是一门实践性非常强的学科，教师还必须将理论与实际紧密结合起来，通过实践逐步完善专业培养的知识体系架构，重点培养学生的实践能力。

此外，我国云计算教育事业的发展还需要依托国家重大人才工程，加快培养和引进高端、复合型云计算人才。高校要加强云计算相关学科建设，结合产业发展，与企业共同制定人才培养目标，推广在校生实训制度，促进人才培养与企业需求相匹配。企业与高校也可以联合开展在职人员培训，建立一批人才实训基地。

3. 科研角度

近两三年，舆论对于云计算的探讨正在逐渐减少，而大数据、人工智能、云端融合等话题开始风靡一时，似乎在这些新兴技术的光芒下，云计算已黯然失色。恰恰相反，云计算在这两年所表现出来的爆发力已经远超IT 行业的其他细分领域，云计算与新兴领域结合的云应用也正在各个领域实践落地。

新兴技术的迅速发展无疑为科研机构提供了明确的研究方向，因此，科研机构必须缩短创新研究和落地的等待周期，加快世界云计算产业的发展速度。同时，科研机构还应加强专利申请、技术转让、知识产权保护等意识，研究出更具价值的知识产物。

在产学研三方的协作中，科研机构对云计算发展的意义在于：借助国内外、行业内外的科研力量，拓宽云计算技术交流与合作研究的渠道和领域，促进云计算、大数据等关键技术快速落地，实现产学研良性互促、协同发展。

4. 产业角度

无论是国外的亚马逊云、微软云，还是国内的阿里云、百度云等，都纷纷加大了对云服务建设的投入。国内一大批创业企业如青云、UCloud 等在逐渐崛起，行业云、城市云等具有中国特色的"云"也在日益盛行，国内云服务市场正在进入一个更为激烈的竞争阶段。

国内大型和中小型云服务商发展云计算的先决条件不同，在未来竞争中不能置于相同地位，这导致二者必须向不同的方向发展。除了云计算服务商，还未涉足云领域的传统行业也必须加快向数字化转型。

因此，从业界角度考虑，总体的部署规划分为以下三点。

（1）大型云服务商应积极出海

在全球云计算领域，以亚马逊的 AWS、微软的 Azure 和谷歌的 Google Cloud 为代表的超大规模云计算服务商正以前所未有的速度拓展全球云计算服务市场，尤其是抢占公有云市场。2013 年年底，亚马逊宣布其 AWS 业务进入中国市场。当时，中国云计算企业纷纷大幅度降低云服务价格，以应对"即将到来"的竞争。

从 2013 年开始，我国云服务商也开始了全球化之路，当时主要集中在游戏、电商、视频、金融等业务领域。经过几年多的"深耕"，尤其是在游戏、金融、视频等互联网企业掀起的出海大潮下，中国云计算企业走向全球市场的步伐也逐步加快。

当前，阿里云基础设施已覆盖美国东西部、新加坡、澳大利亚、德国、日本、印度、马来西亚、印度尼西亚等地。腾讯云在德国、新加坡、加拿大、美国等地也建立了数据中心。

除了注重国内市场，云服务商也要注意布阵海外，与亚马逊、微软等巨头争抢海外市场。

（2）中小云服务商应在细分行业中谋求生存

国内云计算市场均呈现出强者垄断、强者恒强的格局。截至 2017 年上半年，国内市场阿里云一家独大，份额达到 40.67%，中国电信和腾讯紧随其后，以 UCloud 为首的大量国内云服务商仅占 38.23%（见图 5-3-1）。

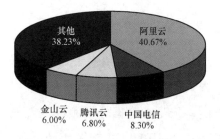

图 5-3-1　2017 年国内云服务市场份额

中国云企业提供的云服务存在一定程度的同质化现象，而用户需求千差万别，呈现多样化趋势，各大巨头无法满足各类用户的具体需求。随着云计算产业生态链不断完善，行业分工呈现细化趋势发展态势，从游戏云、政务云、医疗云，到 2016 年快速壮大的视频云，都体现出行业云的发展潜力。

在云计算白热化的竞争态势下，中小厂商需要瞄准用户精细化需求，提供行业云等差异化云服务，以获得竞争优势。

（3）传统行业应利用"云"向数字化转型

传统金融、教育、医疗等产业与移动互联、云计算、大数据深度融合后，将爆发出全新的生命力。

如今，对于各行各业来说，面对经济环境的不确定性、行业竞争的不断加剧、用户个性化需求的持续提高等日益复杂的因素，选择数字化转型已经成为企业的新出路。从用户互动到产品研发，从管理控制到营销服务，企业经营的方方面面几乎都需要借助云计算等新兴技术，以实现数字化转型。

目前，各行业不仅采用云计算技术的广度在快速扩展，其应用深度也在不断增加。传统行业在未来必须把握住云计算带来的机遇实现数字化转型，这样才能在未来新一轮的竞争中存活下来。

二、大数据的未来发展趋势

（一）大数据分析领域快速发展

数据中蕴藏着价值，数据中的价值需要通过 IT 技术去发现、探索，数据的积累并不能够代表其价值的多少。如何发现数据中的价值也就成了企业用户密切关注的方面，于是大数据分析领域也就成了人们关注的焦点，毕竟，这直接关系到数据的利用情况。随着大数据行业 IT 基础设施的不断完善，大数据分析技术将迎来快速发展，不同的数字挖掘技术和数据挖掘方法将是人们未来比较重视的领域，这个领域直接关系到数据价值的最终体现方式。

（二）分布式存储有了用武之地

大数据的特点就是数量多且大，这就使得存储的管理面临着挑战，这个问题需要新的技术来解决，分布式存储技术就是未来解决大数据存储的重要技术。分布式存储系统将数据分散存储在多台独立的设备上，这就解决了传统存储方式的存储性能瓶颈问题。

（三）大数据与云计算的结合

如果再找一个可以跟大数据并驾齐驱的 IT 热词，云计算无疑是当仁不让。很多人在提到大数据的时候总会想到云计算，但二者还是有很多不同的，用一句话来解释就是：云计算是硬件资源的虚拟化，大数据则是海量数据的高效处理。

虽然大数据与云计算不同，但二者之间有着千丝万缕的联系。云计算相当于我们的计算机和操作系统，将大量的硬件资源虚拟化之后再进行分配使用，大数据则是我们处理的数据。云计算是大数据处理器的最佳平台，未来，二者的关系会更加紧密。

（四）大数据安全越来越受重视

大数据的安全性会越来越受到重视，这也对数据的多副本与容灾机制提出了更高的要求。

（五）大数据将催生一些新的行业

一个新行业的出现，必将在工作职位方面有新的需求，大数据的出现也将推出一批新的就业岗位。例如，大数据分析师、数据管理专家等。具有丰富经验的数据分析人才将成为稀缺的资源，数据驱动型工作将呈现爆炸式增长。

（六）大数据将成为企业 IT 核心

大数据将成为企业 IT 部门的核心，如今，社会化数据分析正在崛起，这对 IT 业和非 IT 业来说都影响深远。越来越多的企业开始通过分析舆情、地理位置、行为、社交图景等社会化数据来了解和服务客户，进行更有效的风险管理，这对企业的发展将起到关键作用。

参考文献

［1］苏琳，胡洋，金蓉. 云计算导论［M］. 北京：中国铁道出版社，2020.

［2］时瑞鹏. 云计算基础与应用［M］. 北京：北京邮电大学出版社，2022.

［3］缪向辉. 云计算管理关键技术及信息安全风险探究［M］. 哈尔滨：东北林业大学出版社，2022.

［4］孙宇熙. 云计算与大数据［M］. 北京：人民邮电出版社，2016.

［5］韩锐，刘驰. 云边协同大数据技术与应用［M］. 北京：机械工业出版社，2022.

［6］申时凯，佘玉梅. 基于云计算的大数据处理技术发展与应用［M］. 成都：电子科技大学出版社，2019.

［7］宋俊苏. 大数据时代下云计算安全体系及技术应用研究［M］. 长春：吉林科学技术出版社有限责任公司，2021.

［8］田雅娟. 数据挖掘方法与应用［M］. 北京：科学出版社，2022.

［9］李雪竹. 云计算背景下大数据挖掘技术与应用研究［M］. 成都：电子科技大学出版社，2021.

［10］李玉萍. 云计算与大数据应用研究［M］. 成都：电子科技大学出版社，2019.

［11］邓仲华，刘伟伟，陆颖隽. 基于云计算的大数据挖掘内涵及解决方案研究［J］. 情报理论与实践，2015，38（7）：103-108.

［12］方巍，郑玉，徐江. 大数据：概念、技术及应用研究综述［J］. 南京信息工程大学学报（自然科学版），2014，6（5）：405-419.

[13] 姚如佳. 大数据环境下云会计面临的困境及对策 [J]. 会计之友，2014（27）：76-79.

[14] 高连周. 大数据时代基于物联网和云计算的智能物流发展模式研究 [J]. 物流技术，2014，33（11）：350-352.

[15] 何清. 大数据与云计算 [J]. 科技促进发展，2014（1）：35-40.

[16] 孟小峰，李勇，祝建华. 社会计算：大数据时代的机遇与挑战 [J]. 计算机研究与发展，2013，50（12）：2483-2491.

[17] 何清，庄福振. 基于云计算的大数据挖掘平台[J]. 中兴通讯技术，2013，19（4）：32-38.

[18] 郭三强，郭燕锦. 大数据环境下的数据安全研究 [J]. 科技广场，2013（2）：28-31.

[19] 刘正伟，文中领，张海涛. 云计算和云数据管理技术 [J]. 计算机研究与发展，2012，49（S1）：26-31.

[20] 李乔，郑啸. 云计算研究现状综述 [J]. 计算机科学，2011，38（4）：32-37.

[21] 顾荣. 大数据处理技术与系统研究 [D]. 南京：南京大学，2016.

[22] 李媛. 大数据时代个人信息保护研究 [D]. 重庆：西南政法大学，2016.

[23] 张燕南. 大数据的教育领域应用之研究 [D]. 上海：华东师范大学，2016.

[24] 李希娟. 大数据时代下的数据可视化研究 [D]. 保定：河北大学，2014.

[25] 宋曦. 大数据时代的个人信息保护机制研究 [D]. 重庆：重庆大学，2014.

[26] 韩晶. 大数据服务若干关键技术研究 [D]. 北京：北京邮电大学，2013.

［27］刘晓茜. 云计算数据中心结构及其调度机制研究［D］. 合肥：中国科学技术大学，2011.

［28］肖斐. 虚拟化云计算中资源管理的研究与实现［D］. 西安：西安电子科技大学，2010.

［29］邓自立. 云计算中的网络拓扑设计和 Hadoop 平台研究［D］. 合肥：中国科学技术大学，2009.

［30］陈海波. 云计算平台可信性增强技术的研究［D］. 上海：复旦大学，2008.